高职高专"十二五"建筑及工程管理类专业系列规划教材

电工基础

主　编　徐洪涛

副主编　郭桂叶

U0282155

 西安交通大学出版社
XI'AN JIAOTONG UNIVERSITY PRESS

内 容 提 要

　　本书参照高职院校电工基础教学大纲，以及有关职业资格标准和行业技能要求，结合生产实际编写而成。其主要内容包括：电路的基础知识、直流电路分析、正弦交流电路、三相电路、变压器、三相异步电动机、电工测量等，共七章。本书内容注重实际应用，讲解由浅入深。每章都有简明的小结，实用的例题、习题和思考题，书后附有部分习题参考答案，便于教师教学和学生自学。

　　本书可作为高职院校建筑设备类、土建类、管理类、计算机类等专业的教材，也可作为成人教育、自学考试、中职学校等相关专业的教学教材，还可作为工程技术人员的学习参考用书。

　　本书配有免费的电子教学课件，欢迎联系出版社索取。

前 言

本书依据教育部最新制定的《高职高专教育电工技术基础课程教学基本要求》，为适应 21 世纪高职高专教学内容和课程体系的改革而编写。

在编写的过程中，编者立足教学实际，调研了相关高职高专院校的电工相关课程教学情况，听取了许多一线教师对电工基础课程的教学意见，汲取了众多国家级规划教材及其他相关教材的优点，结合了多名工作在教学一线教师在教学实践中的心得体会，并考虑到了高职高专教育的要求和高职高专学生的特点。

本书具有以下特点：

(1)基于传统理论，以理论必需、够用的原则，弱化复杂的理论分析，重视基本概念、定律、基本分析方法的论述，注重知识体系的完整性。

(2)采用理论与实际相结合的方式，注重实际应用，理论的讲述重点在于培养学生分析和解决问题的能力；书中配有相关知识、小知识、小技巧等，讲述一些实际应用知识和实用的解题方法。

(3)每章均设有实用的例题、思考题、习题和简明的小结，每节后都有思考题。例题力求体现基本知识的实际应用，重点放在解题思路的阐述；思考题着重体现考查对基本知识的理解；习题分 A 级(基础)和 B 级(提高)两个层次，便于教师选题和学生自测；书后附有部分习题参考答案。

本书由河南建筑职业技术学院徐洪涛主编并统稿，河北科工建筑工程集团有限公司赵庆菊、河南建筑职业技术学院郭桂叶担任副主编。其他编者及编写分工如下：第 1、2 章由郭桂叶编写，第 3 章由赵庆菊和河南建筑职业技术学院王艳丽编写，第 4 章由赵庆菊和苏州建设交通高等职业技术学校董慧妍编写，第 5、6 章由徐洪涛编写，第 7 章由赵庆菊和苏州建设交通高等职业技术学校姜敏编写。

由于编者学识水平和时间所限，书中难免有疏漏和不当之处，恳请广大师生和读者批评指正，并留下您宝贵的意见和建议，编者不胜感激。作者联系方式：543472076@qq.com。

为方便教师教学，本书配有免费的电子教学课件，请需要的老师与西安交通大学出版社联系。

编者
2013 年 7 月

目 录

第1章

电路的基本知识

 学习目标

1. 知识目标

(1)理解电路的基本概念、电路的连接方式。

(2)认识电压源和电流源及其等效变换。

(3)掌握电路的基本定律(欧姆定律和基尔霍夫定律)。

2. 能力目标

(1)熟练掌握直流电路的结构特点。

(2)理解并应用基尔霍夫定律分析电路。

知识分布网络

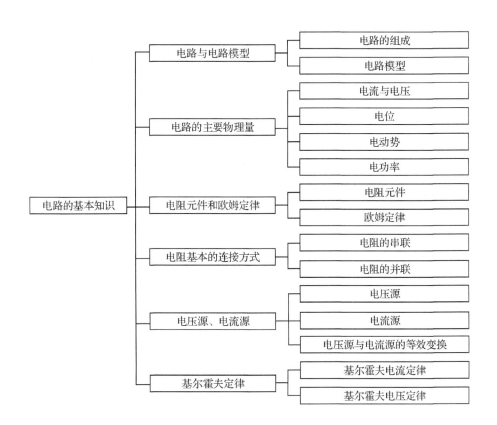

1.1 电路与电路模型

能力知识点 1 电路的组成和功能

1.电路的组成

电流流经的途径叫做电路。电路是由一些电气设备和元件(例如,发电机、电动机、电炉、电阻、电感和电容等)或电子器件(例如,晶体管和集成电路等)按一定方式连接而成的,其中的用电设备通常叫做负载,供电设备通常叫做电源(提供信号的叫做信号源),它们通过导线以及保护设备连接在一起,因此电路是由电源、负载和中间环节组成的。其组成结构如图 1-1 所示。图 1-1(a)为普通的照明电路,其中发电机就是电源,白炽灯就是负载,连接导线和其他的所有设备(如开关、变换装置、保护装置等)均称为中间环节。图 1-1(b)为扩音器电路,其中扬声器为负载,放大电路为中间环节,信号源相当于电源部分。

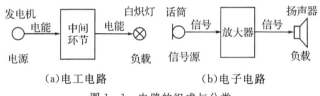

(a)电工电路   (b)电子电路

图 1-1 电路的组成与分类

2.电路的分类与功能

电路的种类繁多,用途各异,但主要可分为两大类——电工电路和电子电路。

(1)电工电路可以实现电能的输送和转换。如图 1-1(a)所示照明电路和电机电路等,通常称为电工电路或强电电路。电源把各种形式的能量(例如机械能、化学能和光能等)转化并发出电能,通过中间环节(导线、开关及其他设备)将电能送给电灯等负载,用以照明,将电能转化为其他形式的能,实现了电能的输送与转换。

(2)电子电路可以实现电信号的传递和变换。如图 1-1(b)所示扩音器电路,通常称为电子电路或弱电电路。话筒将声音(信息)转换为电信号,经过放大器电信号被放大,并传递到负载(扬声器),还原为原来的声音。这里,在声音的作用下,话筒源源不断地发出信号,因而话筒是信号源。

信号源也是一种电源,但它不同于发电机和蓄电池等产生电能的一般电源,其主要作用是产生电压信号或电流信号。

各种非电的信息和参量(例如,语言、音乐、图像、温度、压力、位移、速度与流量)均可通过相应的变换装置或传感器转换为电信号进行传递和转换。电路的这一作用广泛应用于电子技术、测量技术、无线电技术和自动控制技术等许多领域。

实际上,在许多电气设备中,既含有输送电能的电路,又含有传递电信号的电路,两种电路形成一个有机的整体。

能力知识点 2 电路模型

由于实际电路元件的电磁性质比较复杂,难以用简单的数学关系表达它们的物理特性,例如,白炽灯通过电流时,它除有电阻特性外,还会产生磁场,具有电感的性质,但这个磁场很弱,可以忽略不计。为了便于对实际电路进行分析和数学描述,研究电路的一般规律,我们将实际的电路元件进行理想化,即在一定的工程条件下将其近似看成理想的电路元件,建立理想的电路模型。如图1-2所示的电路,实际上就是电源向电阻元件供电的电路模型。其中的电源为理想电源,即忽略其内阻的电源。

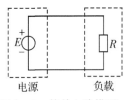

图1-2 简单电路模型

表1-1列出了常用的几种理想电路元件及其图形符号,即把实际电路元件忽略次要性质,只表征其主要性质。

表1-1 常用的几种理想电路元件及其图形符号

元件名称	图形符号	元件名称	图形符号
电阻	R	直流电源	E
电感	L	理想电压源	$+\ U_{\mathrm{S}}\ -$
电容	C	理想电源源	I_{S}

在电路模型中,导线和开关均被看成是理想的(导线电阻和开关的接触电阻均为零)。本书后续各章所画电路,均属电路模型。

▶ 本节思考题

1.电路由哪几部分组成?各部分在电路中分别起什么作用?

2.电路的作用是什么?

1.2 电路的主要物理量

电路中有许多物理量,其中最基本的是电源的电动势、电路中的电流、电压以及电位、电功率,下面是它们的单位及其换算关系。

在国际单位制中,电流的单位为安培(A),简称安。对于较小的电流,可以用毫安(mA)或微安(μA),其关系为

$$1\ \mathrm{A} = 10^3\ \mathrm{mA} = 10^6\ \mu\mathrm{A}$$

电压、电位和电动势的单位为伏特(V),简称伏。数值较大或较小时,还可以用千伏(kV)、毫伏(mV)和微伏(μV),其关系为

$$1\ \mathrm{kV} = 10^3\ \mathrm{V} = 10^6\ \mathrm{mV} = 10^9\ \mu\mathrm{V}$$

电功率的单位为瓦特(W),简称瓦。数值较大时还可以用千瓦(kW),其关系为

$$1\ \mathrm{kW} = 10^3\ \mathrm{W}$$

能力知识点 1　电流与电压

1. 电流与电压的实际方向

电荷的定向运动形成电流。单位时间内通过导体截面的电荷量定义为电流强度,即电流的大小。

$$I = \frac{\mathrm{d}q}{\mathrm{d}t} \tag{1.1}$$

电流的方向被规定为正电荷的运动方向。在图 1-3 所示的电路中,根据电源的已知实际极性(正负极符号"＋"与"－")可知,正电荷是从电源的正极(高电位端)出发,经过外电路流向电源的负极(低电位端),这就是电流的实际方向。电源内部的电源力(在发电机中是电磁力,在化学电池中是化学力)将回到负极的正电荷再推向正极,保持正电荷源源不断地定向流动。因此在电源内部,电流的方向是从电源的负极指向正极。

电源正负极之间的电位差也叫做电源的端电压,我们把电位降低的方向(由"＋"极指向"－"极)规定为电源端电压的实际方向。显然,电源电动势 E 的实际方向和电源端电压 U 的实际方向刚好相反,前者是电位升高的方向,后者是电位降低的方向,如图 1-3 所示。

电流通过负载时,产生电位降(也叫电压降),我们把这个电位降低的方向规定为负载电压降的实际方向,即电压的实际方向。电流、电动势和电压的实际方向用虚线箭头表示,如图 1-3 所示。

规定上述各物理量实际方向的目的,是为了对电路进行分析计算。对如图 1-3 所示的电路来说,若已知电源的实际极性,电流与电压的实际方向很容易确定,计算也是很简单的。可是,我们通常遇到的一些实际电路,往往比较复杂,如图 1-4 所示。虽然已知电源的实际极性,但电路中某些支路电流实际方向却很难判断,使分析计算难于进行。可见,只有电流、电动势和电压的实际方向的概念是不够的。为此,我们需要引入参考方向的概念。

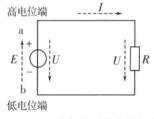

图 1-3　电流与电压的实际方向

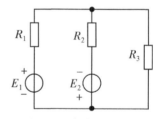

图 1-4　复杂电路举例

2. 电流与电压的参考方向、关联参考方向

(1)电流与电压的参考方向。所谓电流的参考方向,顾名思义,就是不管电流的实际方向如何,任意选定一个作为电流参考方向,如图 1-5 所示的实线箭头方向。当然,选定的参考方向不一定是电流的实际方向。当电流的参考方向与实际方向一致时,电流为正值($I>0$);当电流的参考方向与实际方向相反时,电流为负值($I<0$),如图 1-5 所示。

注意,虽然参考方向可以任意选取,但为了计算方便,一般在选择参考方向时,尽可能使它与实际方向一致。只有在不能确定实际方向时,参考方向才任意选取。

两点间电压的参考方向也可以任意选取,但有三种表示方法,如图 1-6 所示。在图 1-6(a)中,由"＋"到"－"表示电位降低的方向,即电压的参考方向;在图 1-6(b)中,下标 a、b 表示电压参考方向由 a 指向 b;在图 1-6(c)中,箭头方向即为电压的参考方向。在不同情况下,可采用不同的表示方法。

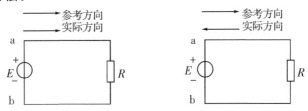

(a)参考方向与实际方向一致($I>0$)　(b)参考方向与实际方向相反($I<0$)

图 1-5　电流的参考方向与实际方向

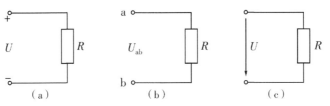

图 1-6　电压参考方向的三种表示方法

注意:图 1-6(b)中的表示方法中,U_{ab} 与 U_{ba} 是两个不同的电压,二者大小相等,方向相反,即

$$U_{ab} = -U_{ba}$$

(2)电压与电流的关联参考方向。同一个电路元件,其电压和电流的参考方向,原则上可以任意选择。但为了分析问题方便,常将它的电压和电流的参考方向选得一致,称为关联参考方向,如图 1-7(a);而如图 1-7(b)所示的电压和电流的参考方向相反,称为非关联参考方向。在分析电路时,我们一般采用关联参考方向。

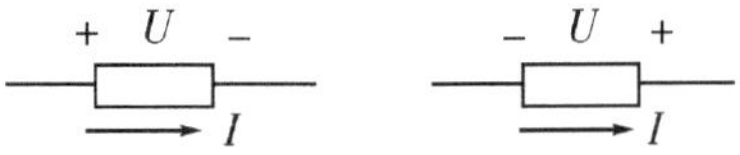

图 1-7　关联参考方向和非关联参考方向

能力知识点 2　电位

1.电位的定义

电位在物理学中称为电势。电位是一个相对物理量,即某点电位的高低和数值的大小是相对于参考点而言的,就像水位的高低和数值的大小是相对于水位的基准点一样。电位参考点可以任意选取,用接地符号"⊥"表示,此处的电位称为参考电位,通常设参考电位为零,所以参考点又称零电位点。

电路中某一点的电位等于该点与参考点之间的电压。如图 1-8(a)中,设 c 点为参考点(即 $V_c=0\text{V}$),那么 a 点和 b 点的电位分别是

$$V_a = E = 8\text{ V} \quad V_b = IR_2 = 1 \times 5 = 5(\text{V})$$

如果设 b 点为参考点(即 $V_b=0\text{ V}$),如图 1-8(b)所示,那么 a 点和 c 点的电位分别是

$$V_a = IR_1 = 1 \times 3 = 3(\text{V}) \quad V_c = -IR_2 = -1 \times 5 = -5(\text{V})$$

可见,选取的参考点不同,电路中各点相应的电位也不同。但是参考点一旦选定,则电路

中各点的电位就被确定为唯一的值。所以,电路中某点电位的高低及其数值大小是相对的。

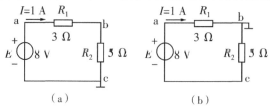

1-8　电位的计算

2.电位与电压的关系

电路中任意两点电位之差称为电位差,即电压。在图1-8(a)中,a、b两点间的电压

$$U_{ab} = V_a - V_b = 3 - 0 = 3(V)$$

在图1-8(b)中,a、b两点间的电压

$$U_{ab} = V_a - V_b = 3 - 0 = 3(V)$$

可见,电路中两点间的电压不会因选取参考点的不同而改变,即电压与参考点无关,电压是一个绝对量。

总而言之,电压与电位的关系是:①电压等于电位之差;②电位是相对量,电压是绝对量。

 小技巧

当电路中两点(如a、b)间的电压规定了方向后,那么从a到b的电压和从b到a的电压就不一样了,电位的变化也就相反了。如果$U_{ab} > 0$,则表示从a到b电位降低了,即从电位高处到电位低处,可表示为电位降;如果$U_{ab} < 0$,表示从a到b电位升高了,即从电位高处到电位低处,可表示为电位升。这个小技巧在分析电路中电压与电流的关系时很有帮助。

能力知识点3　电动势

电源的作用是通过一种力来克服电场力把正电荷不断地从负极移到正极,这种力称为非静电力,电源就是能产生这种力的装置。就像水利系统中的水泵,为了达到水循环的目的,它会通过一种方式把水从低处运往高处。

非静电力把单位正电荷从电源的负极移到正极所做的功称为电源的电动势。电动势的单位也是伏(V)。电动势的实际方向习惯规定为从电源的负极指向正极,即从低电位点指向高电位点。

电动势与电压是两个不同的概念,但都可以用来表示电源正负极之间的电位差。如图1-9所示,E和U的方向刚好相反。这是因为,电动势的方向表示电位升,电压的方向表示电位降,但它们反映的都是a点的电位比b点的电位高。

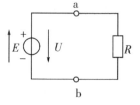

图1-9　电动势与电压的关系

能力知识点4　电功率

电场力在单位时间内所做的功,称为电功率(P)。

$$P = \frac{W}{t} \tag{1.2}$$

电功率的单位为瓦特（W）。

在图1-7所示电路中，电路中电阻所吸收的电功率可以利用下式计算

$$P = UI \quad 或 \quad P = -UI \tag{1.3}$$

在电路元件两端电压和电流关联参考方向下，$P = UI > 0$，元件吸收功率；$P = UI < 0$，元件发出功率。在电路元件两端电压和电流非关联参考方向下，$P = -UI > 0$，元件吸收功率；$P = -UI < 0$，元件发出功率。吸收功率则可判断该元件为负载，发出功率即该元件为电源。

【例1-1】　如图1-10所示的电路中，元件A和元件B的电流、电压参考方向分别如图1-10(a)、(b)所示。若$U = 10$ V，$I = -2$ A，试判别元件A、B在电路中的作用是电源还是负载？

解　元件A的电压和电流的参考方向是关联参考方向，所以功率为：

$$P = UI = 10 \times (-2) = -20(\text{W}) < 0$$

功率小于零，即发出功率，因此元件A在电路中的作用是电源。

元件B的电压和电流的参考方向是非关联参考方向，所以功率为：

$$P = -UI = -10 \times (-2) = 20(\text{W}) > 0$$

功率大于零，即吸收功率，因此元件B在电路中的作用是负载。

以上是从电压电流的参考方向来分析的，还可从电压电流的实际方向分析。

【例1-2】　已知各元件的端电压和通过电流的大小和方向如图1-11所示。试指出哪些元件是电源？哪些元件是负载？

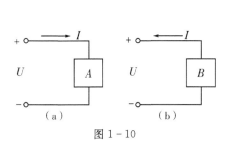

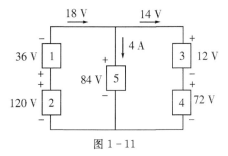

图1-10　　　　　　　　　　图1-11

解　从图中可以看出，各元件电压电流的参考方向就是其实际方向。

1号元件的电流是从"+"（高电位端）流入，在电路中，这就是负载，吸收功率

$$P_1 = 36 \times 18 = 648(\text{W})$$

同理，3号、4号、5号元件的电流均是从"+"（高电位端）流入，在电路中，这都是负载，吸收功率

$$P_3 = 12 \times 14 = 168(\text{W})$$
$$P_4 = 72 \times 14 = 1008(\text{W})$$
$$P_5 = 84 \times 4 = 336(\text{W})$$

只有2号元件的电流是从"-"（低电位端）流入，在电路中，这是电源，发出功率

$$P_2 = 120 \times 18 = 2160(\text{W})$$

在这个电路中，负载吸收的功率

$$P_1 + P_3 + P_4 + P_5 = 648 + 168 + 1008 + 336 = 2160(\text{W})$$

发出的功率也是2160W。

可见,在闭合电路中,吸收和发出的功率相等,两者功率平衡。

■ 本节思考题

1.电流的实际方向是怎样规定的?为什么要设电流的参考方向?什么是电压与电流的关联参考方向和非关联参考方向?

2.电源电压U_{ab}中,a点的电位一定高于b点的电位吗?若$U_{ab} = -8$ V,那么a、b两点哪点电位高?高多少?

3.电位与电压有什么关系?

1.3 电阻元件及欧姆定津

能力知识点1 电阻元件

多数金属,其电阻值是不随电流电压而变的(电阻为定值),用这类金属材料制成的电阻元件叫做线性电阻元件。实验证明,线性电阻值的大小决定于导体材料的成分、几何尺寸和导体的温度等因素,对于一根材料均匀、截面积为S,长度为l的导体来说,它的电阻可按下式计算

$$R = \rho \frac{l}{S} \tag{1.4}$$

式中ρ为导体材料的电阻率,单位为$\Omega \cdot m$。几种常用金属材料的电阻率见表1-2。

电阻的单位是欧姆(Ω),也可以是千欧(kΩ)或兆欧(MΩ),它们的关系是

$$1 \text{ k}\Omega = 10^3 \ \Omega \quad 1 \text{ M}\Omega = 10^6 \ \Omega$$

表 1-2　几种常用金属材料的电阻率

材料名称	电阻率($\Omega \cdot m$)
银	1.59×10^{-8}
铜	1.69×10^{-8}
铝	2.65×10^{-8}
铁	9.78×10^{-8}
钨	5.48×10^{-8}
钢	$(1.3 \sim 2.5) \times 10^{-7}$
康铜	$(4 \sim 5.1) \times 10^{-7}$
锰铜	4.2×10^{-6}
黄铜	$(7 \sim 8) \times 10^{-6}$
镍铬合金	1.1×10^{-6}
铁铬合金	1.4×10^{-6}

线性电阻元件中的电流与其端电压之间的关系如图1-12(a)所示,是直线关系,表示阻值是定值。还有一种电阻元件为非线性电阻元件(如半导体二极管),当流过不同的电流或加

上不同的电压时,它们的阻值是不同的(电阻不为定值),其电压电流关系曲线如图 1-12(b)所示。

能力知识点 2 欧姆定律

1827 年,德国物理学家欧姆在一篇有关电路的数学研究论文中,论述了测量电压和电流并用数学方法来描述其相互关系的研究成果,这就是欧姆定律,其内容是:通过线性电阻 R 的电流 I 与作用在其两端的电压 U 成正比,即

$$U = RI \tag{1.5}$$

式(1.5)为欧姆定律的表达式。需要强调的是,若将欧姆定律用于分析和计算,电压电流的参考方向必须取关联参考方向才可,如图 1-13(a)所示。当电压与电流的参考方向为非关联参考方向时,如图 1-13(b)所示,欧姆定律则应写成

$$U = -RI \tag{1.6}$$

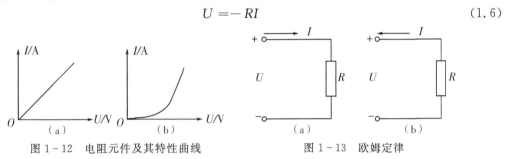

图 1-12 电阻元件及其特性曲线   图 1-13 欧姆定律

不难理解,电阻上的电流总是从高电位点流向低电位点,就是说电压的"实际方向"与电流的"实际方向"总是一致的。在电流、电压取关联参考方向的情况下,电压是正值,电流也一定是正值;电流是负值,电压也一定是负值。而在非关联参考方向下,电压与电流一个是正值,一个是负值,线性电阻值永为正,所以此时公式右边必须加负号。注意:公式中的正负号与电流、电压的正负值含义不同。

1.4 电阻的基本连接方式

一个电源一般不仅仅给一个负载供电,往往是给许多负载供电。负载的连接方式很多,但最常用又最基本的是串联和并联。下面以电阻负载为例,简要分析串联和并联的特点以及此时电流与电压之间的关系。

能力知识点 1 电阻的串联

由两个或多个电阻一个接一个地连接,组成一个无分支电路,这样的连接方式称为电阻的串联。图 1-14(a)所示为两个电阻 R_1 和 R_2 的串联电路,其等效电路如图 1-14(b)所示。电阻串联电路具有以下三个特点:

(1)串联电路中各点电流均相等,且电流 I 为:

$$I = \frac{U}{R_1 + R_2} \tag{1.7}$$

(2)串联电阻的等效电阻为:

$$R = R_1 + R_2 \tag{1.8}$$

(3)串联电路具有分压作用。在图 1 - 14(a)所示电路中,总电压 U 等于各个电阻两端电压 U_1、U_2 之和。即

$$U = U_1 + U_2 \tag{1.9}$$

其中

$$\left.\begin{array}{l} U_1 = IR_1 = \dfrac{R_1}{R_1 + R_2} U \\[3mm] U_2 = IR_2 = \dfrac{R_2}{R_1 + R_2} U \end{array}\right\} \tag{1.10}$$

式(1.10)即为两个电阻串联时的分压公式。可见,各电阻上的电压分配与各电阻阻值的大小成正比。如果其中一个电阻阻值比另一个电阻阻值小得多,则小电阻分得的电压也小得多。在作近似计算时,这个小电阻的分压作用可忽略不计。

串联方式有很多应用。例如,电源电压若高于负载电压时,可与负载串联一个适当大小的电阻,以降低部分电压。这个电阻称为分压电阻。

能力知识点 2 电阻的并联

由两个或多个电阻两端同时连接在一起,组成一个分支电路,这样的连接方式称为电阻的并联。如图 1 - 15(a)所示为两个电阻 R_1 和 R_2 的并联电路,其等效电路如图 1 - 15(b)所示。电阻并联电路具有以下四个特点:

(1)各并联电阻两端电压均相等。

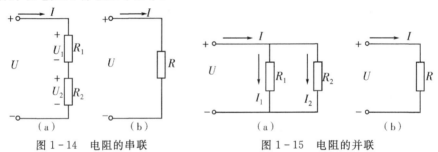

图 1 - 14 电阻的串联　　　　　　图 1 - 15 电阻的并联

(2)并联电阻的等效电阻为:

$$\frac{1}{R} = \frac{1}{R_1} + \frac{1}{R_2} \quad 或者 \quad R = \frac{R_1 R_2}{R_1 + R_2} \tag{1.11}$$

(3)并联电路具有分流作用。如图 1 - 15(a)所示电路中,总电流 I 分成两份分别流入电阻 R_1 和 R_2。即

$$I = I_1 + I_2 \tag{1.12}$$

其中

$$\left.\begin{array}{l} I_1 = \dfrac{U}{R_1} = \dfrac{IR}{R_1} = \dfrac{R_2}{R_1 + R_2} I \\[3mm] I_2 = \dfrac{U}{R_2} = \dfrac{IR}{R_2} = \dfrac{R_1}{R_1 + R_2} I \end{array}\right\} \tag{1.13}$$

式(1.13)为两个电阻并联时的分流公式。可见,各电阻上的电流分配与各电阻阻值的大小成反比(即按电阻值的大小反比分配)。如果其中一个电阻阻值比另一个电阻阻值大得多,

则大电阻分得的电流就小得多。在作近似计算时,这个大电阻的分流作用可忽略不计。

(4)电阻并联的应用。和串联方式一样,电阻并联方式应用得也很广泛。例如,工厂里的单相动力负载、民用电器和照明负载等,都是以并联方式接到电网上的。再如,电流表测量电流时,如果线路中的电流值大于电流表的量程,可在电流表的两端并联一个合适的电阻予以分流。这样就扩大了电流表的量程。此时的并联电阻称为分流电阻或分流器。

【例 1—3】　图 1—16(a)是由串联和并联组成的(混联)电路,其中 $R_1 = 21\ \Omega$,$R_2 = 8\ \Omega$,$R_3 = 12\ \Omega$,$R_4 = 5\ \Omega$,电源电压 $U = 125\ \text{V}$。试求 I_1、I_2、I_3。

解　电路的化简顺序如图 1—16(b)、(c)、(d)所示。

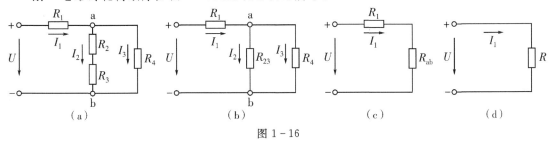

图 1—16

(1)计算各等效电阻。

$$R_{23} = R_2 + R_3 = 8 + 12 = 20(\Omega)$$

$$R_{ab} = \frac{R_{23}R_4}{R_{23} + R_4} = \frac{20 \times 5}{20 + 5} = 4(\Omega)$$

$$R = R_1 + R_{ab} = 21 + 4 = 25(\Omega)$$

(2)计算各电流。

$$I_1 = \frac{U}{R} = \frac{125}{25} = 5(\text{A})$$

$$I_2 = \frac{R_4}{R_{23} + R_4}I_1 = \frac{5}{20 + 5} \times 5 = 1(\text{A})$$

$$I_3 = I_1 - I_2 = 5 - 1 = 4(\text{A})$$

本节思考题

1.什么是电阻的分压和分流作用? 写出最简单的分压和分流公式。

2.根据串联、并联电路的特点判别图 1—17 所示电路当开关 S 打开和闭合时,a、b 两点之间各电阻的连接关系。

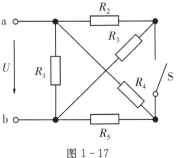

图 1—17

1.5 电压源、电流源及其等效变换

电源是将其他形式的能量转换成电能的装置,根据电源输出的形式不同分为电压源和电流源。

能力知识点 1 电压源

1.恒压源

以电压的形式输出电能的电源称为电压源,这里的电压源是理想电压源的简称。电压源是从实际电源中抽象出来的一种理想电路元件。以电池为例,在理想状态下,如果电池本身没有能量损耗,则这时的端电压是一个确定不变的数值。凡能够维持端电压为定值的二端元件称为电压源,即恒压源,电路图形符号如图 1-18(a)所示。

电压源提供恒定不变的电压,至于通过电压源的电流是多少,要取决于外接电路。其电流可以是零(外电路断开)和无穷大(外电路短接)之间的任意值。如图 1-18(b)所示,电压源两端无论外接几个负载,电压源的端电压始终为 U,而其中的电流则取决于外接负载的多少。

2.实际电压源

一个实际电压源,内部都有电压降,电路模型可以用电压源(恒压源)与内阻的串联组合来表示,如图 1-19 所示。电压源是实际电压源内阻为零的理想状态,所接负载两端获取的是恒定不变的电压。但一个实际的电压源所提供给负载的电压 U 将随负载的变化而变化。由图 1-19可知:

$$U = E - IR_0 = E - \frac{E}{R + R_0}R_0 \tag{1.14}$$

可见,随着 R 的减小,负载电流增加,导致电源供出的电压下降。

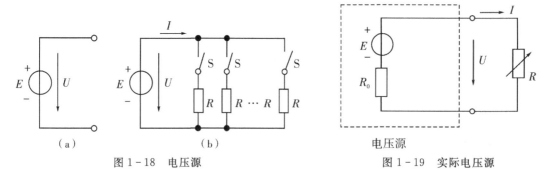

图 1-18 电压源   图 1-19 实际电压源

能力知识点 2 电流源

1.恒流源

以电流的形式输出电能的电源称为电流源,这里的电流源是理想电流源的简称。电流源也是从实际电源中抽象出来的一种理想电路元件。常用的电源,其特性多与电压源较接近,而与电流源接近得较少。光电池、晶体管之类器件构成的电源,其工作特性在某一段与电流源十分接近。凡能够维持输出电流为定值的二端元件称为电流源,即恒流源,电路图形符号如图 1-20(a)所示。

电流源提供恒定不变的电流,至于电流源两端的电压是多少,要取决于外接电路。其电压可以是零(外电路短接)和无穷大(外电路断开)之间的任意值。如图1-20(b)所示,电流源两端无论串联几个负载,电路中的电流始终为I_s,而电流源两端的电压则取决于外接负载的多少。

2. 实际电流源

与实际电压源相比,作为实际电流源内部也是有电阻的,例如光电池,被光激发产生的电流,并不能全部外流,其中一部分将在光电池内部流动而不能输送出来。因此,它的电路模型可以用电流源与内阻的并联来表示,如图1-21所示。电流源是实际电流源内阻为无穷大时的理想状态,所接负载可获取恒定不变的电流。但一个实际电流源提供给负载的电流也将随负载的变化而变化。由图1-21可知:

$$I = I_s - I_0 = \frac{R_0}{R_0 + R}I_s \tag{1.15}$$

可见,随着R的增大,负载两端电压增大,导致电源供出的电流减小。

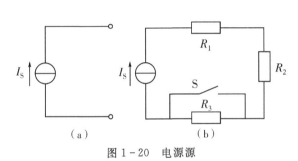

图1-20 电源源   图1-21 实际电源源

能力知识点3 电压源与电流源的等效变换

电压源与电流源均为直流电源,均可以为直流负载供电。如果它们分别同时对一个相同的负载供电时,只要条件满足,就一定可以产生相同的效果,那么,电压源和电流源之间一定有一种等效的关系,即可以等效变换。

对实际电压源,由图1-19可得:

$$I = \frac{E}{R_0} - \frac{U}{R_0}$$

对实际电流源,由图1-21可得:

$$I = I_s - \frac{U}{R_0}$$

要使两电源对同一负载R产生同一效果,即保持U、I的关系不变,两式的对应项应当相等,即($I_s = \frac{E}{R_0}$或$E = I_s R_0$)。总结电压源与电流源等效变换的条件如下:

(1)由实际电压源变换为实际电流源

$$I_s = \frac{E}{R_0}(等效电阻R_0与电流源I_s并联) \tag{1.16}$$

(2)由实际电流源变换为实际电压源

$$E = I_s R_0(等效电阻R_0与电压源E串联) \tag{1.17}$$

在应用电压源与电流源等效变换的方法分析电路时应注意：

①电压源（即恒压源）与电流源（即恒流源）不能等效变换。因为前者内阻为零，后者内阻为无穷大，不存在等效变换条件。

②把实际电源的等效变换推广到一般电路，即 R_0 不一定特指电源内阻，只要是电压源和一个电阻的串联组合，就可以等效变换为电流源和同一个电阻并联的组合，反之亦然。

【例1-4】 已知电压源电动势 $E=8\ \text{V}$，内阻 $R_0=0.5\ \Omega$，求与其等效的电流源。

解 两种等效电源形式如图1-22所示，等效电流源的两个参数为：

$$I_s=\frac{E}{R_0}=\frac{8}{0.5}=16(\text{A}) \quad R_0=0.5\ \Omega$$

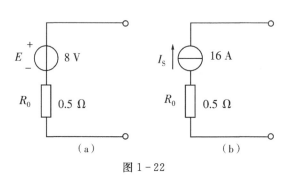

图1-22

本节思考题

1. 如图1-23所示，恒压源并联了一个电阻 R，如果将 R 除去（R 处开路），对负载电阻 R_L 有无影响？为什么？

2. 如图1-24所示，恒流源串联了一个电阻 R，如果将 R 除去（R 处短路），对负载电阻 R_L 有无影响？为什么？

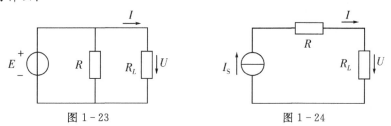

图1-23　　　　　　　　　　图1-24

3. 试将图1-25所示电路化简成等效电压源和等效电流源。

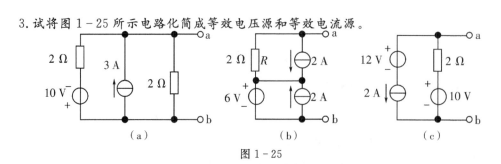

图1-25

1.6　基尔霍夫定津

电路从结构上可分为无分支电路(又称简单电路)和有分支电路(又称复杂电路)两种。图 1-26 所示的电路就是一个有分支电路。对这种电路的分析需引入基尔霍夫定律。在讲授基尔霍夫定律之前,先介绍几个相关的名词。

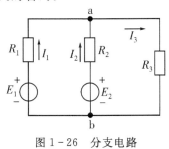

图 1-26　分支电路

(1)支路:电路中至少有一个电路元件且通过同一电路的路径称为"支路"。如图 1-26 所示的电路中有三条支路。

(2)节点:三条或三条以上支路的交汇点称为"节点"。如图 1-26 所示的电路中有两个节点 a 和 b。

(3)回路:由支路组成的闭合路径称为"回路"。如图 1-26 所示的电路中有三个回路。

(4)网孔:对平面网络而言,不包围其他支路在里面的最简单回路称为"网孔"。如图 1-26 所示的电路中有两个网孔。

基尔霍夫定律包括基尔霍夫电流定律和基尔霍夫电压定律两部分内容。前者是针对节点的,确定了流入、流出某节点的各电流之间的关系,所以又称为节点定律;后者是针对回路的,确定了某回路各部分电压之间的关系,所以又称为回路定律。

能力知识点 1　基尔霍夫电流定律

在一个节点上,各支路的电流有大有小。然而,对于任何一个节点而言,流入电流之和等于流出电流之和。这就是基尔霍夫电流定律。用表达式表示为:

$$\sum I_\text{入} = \sum I_\text{出} \tag{1.18}$$

由于电流通过节点时电荷不会发生堆积现象,流入节点 a 的电荷总量必等于同一时间流出节点 a 的电荷总量,如图 1-27(a)所示。这就是基尔霍夫电流定律的物理依据。对节点 a 可以写出:

$$I_1 + I_2 = I_3$$

【例 1-5】　如图 1-28 所示电路中,试求未知电流 I,并说明该电流的实际方向。

解　根据基尔霍夫电流定律,可得:

$$1 + 2 + (-6) = I + 4$$

整理得
$$I = -7\ \text{A}$$

I 为负值,表示参考方向与实际方向相反,因此,电流 I 实际方向为指向节点 A。

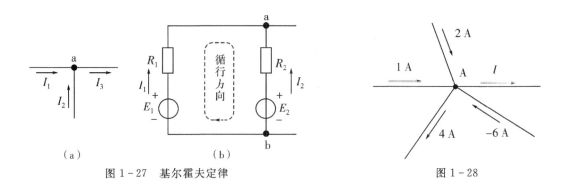

图 1-27 基尔霍夫定律   图 1-28

能力知识点 2 基尔霍夫电压定律

在一个回路中,各点电位有高有低,各段电压有电位升,有电位降。然而,对任何一个回路而言,按一定方向循行一周,则电位降之和等于电位升之和。这就是基尔霍夫电压定律。用表达式表示为:

$$\sum U_{升} = \sum U_{降} \tag{1.19}$$

如图 1-29 所示电路中,以点 A 为起点,按顺时针方向(或逆时针方向)循行一周。电流经过 R_1 到点 B,电位降低 $U_{R1} = IR_1 = 4 \times 1 = 4(V)$;再经过 R_2 到点 C,电位又降低 $U_{R2} = IR_2 = 4 \times 2 = 8(V)$。共降低 12 确 V。再由点 C 到点 D,电位升高 $E_1 = 3$ V;由点 D 回到点 A,电位又升高 $E_2 = 9$ V;共升高 12 V。沿回路循行一周,电位升之和等于电位降之和。

这一结论对分支电路也是适用的。如图 1-27(b)(图 1-26 电路网络中的一部分)所示,以 b 为起点,沿顺时针方向循行一周。电流经过电源 E_1 电位升高(电位升为 E_1),经过电阻 R_1 电位下降(电位降为 I_1R_1),经过电阻 R_2 电位升高(电位升为 I_2R_2),经过电源 E_2 电位降低(电位降为 E_2),则有

$$I_1R_1 + E_2 = I_2R_2 + E_1 \quad (等号左边为电位降,右边为电位升)$$

【例 1-6】 试求图 1-30 所示电路中的电压 U_{BD}。

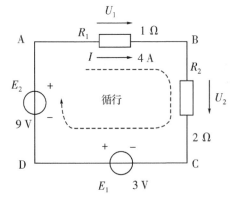

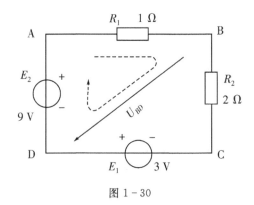

图 1-29 无分支电路中电位降与电位升的关系   图 1-30

解 原电路中不存在相应的回路。我们可将所求电压 U_{BD} 的参考方向画出(箭头),便得

到假想的回路 ABDA（也可用 BCDB 回路），如图 1-30 所示。若按顺时针方向循行一周，则有：

$$IR_1 + U_{BD} = E_2$$
$$U_{BD} = E_2 - IR_1 = 9 - 4 \times 1 = 5(V)$$

由此可将基尔霍夫定律推广应用于任何假设的回路。

小技巧

在回路中循行时判断电位升和电位降的方法：沿着循行方向，如遇电源，则从"－"极到"＋"极为电位升，从"＋"极到"－"极为电位降；如遇电阻，则循行方向与电流方向一致为电位降，两者方向相反则为电位升。

本节思考题

在图 1-31 所示的电路中，试求电流 I 和电压 U_{ab} 各为多少？

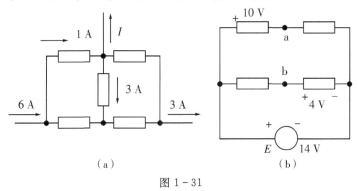

图 1-31

本章小结

本章重点理解和掌握以下基本问题：

1. 电路及其基本物理量

(1)电路是电流流过的路径。它主要由电源、负载和中间环节三部分组成。电工电路的作用是对电能的输送与转换，电子电路的作用是对电信号的传递与变换。

(2)电路中最基本的物理量是电压、电流、电位、功率以及电源的电动势等。在电压、电流实际方向的基础上，又引入了参考方向的概念。参考方向可以任意假设，一经假设，上述各物理量之间便有了确定的关系。

(3)电路的基本连接方式。若两个电阻串联或并联时，则等效电阻分别为：

$$R = R_1 + R_2 \qquad\qquad R = \frac{R_1 R_2}{R_1 + R_2}$$

分压与分流公式分别为：

$$\begin{cases} U_1 = \dfrac{R_1}{R_1 + R_2}U \\[2mm] U_2 = \dfrac{R_2}{R_1 + R_2}U \end{cases} \qquad \begin{cases} I_1 = \dfrac{R_2}{R_1 + R_2}I \\[2mm] I_2 = \dfrac{R_1}{R_1 + R_2}I \end{cases}$$

(4)根据电源输出的形式不同,电源可以有电压源和电流源两种。电压源和电流源的等效变换条件是:

$$I_{\mathrm{S}} = \frac{E}{R_0}$$

2.电路的基本定律

(1)欧姆定律。

在电压、电流关联参考方向下,欧姆定律可表达为:$U = RI$

在电压、电流非关联参考方向下,欧姆定律可表达为:$U = -RI$

(2)基尔霍夫定律。

① 电流定律:$\sum I_\text{入} = \sum I_\text{出}$

② 电压定律:$\sum U_\text{升} = \sum U_\text{降}$

欧姆定律确定了电阻元件的电流与电压之间的关系,适用于线性电阻电路的分析计算;基尔霍夫两条定律分别确定了节点电流之间的关系和回路电压之间的关系,适用于各种电路的分析计算,具有普遍意义。

本章习题

A 级

1.1 计算题图 1-1 中两电路的等效电阻。

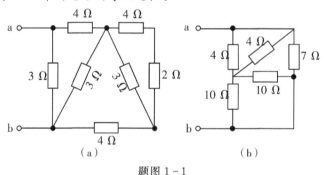

题图 1-1

1.2 某教室有 40 W 的白炽灯 6 盏,每天用电 4 小时,宿舍有两只 40 W 的白炽灯,由于不注意节约用电,甚至日夜长明,每天平均使用 16 小时。同一间宿舍和一个教室每天各消耗多少电能?

1.3 欲测某导电材料的电阻率(ρ),可制作一个标准试件,使其横截面 $S = 1 \text{ mm}^2$,$l = 1$ m,在常温下测得其电阻值 $R = 1.4 \text{ }\Omega$,试计算该材料的电阻率,该材料可能是哪种金属?

1.4 某工地临时照明用电,用 4 mm² 的铝线从 300 m 外的电源处接入,已知电源处电压为 220 V,而临时工地处电压则为 215 V,求临时线路中的电流是多少?

1.5　计算题图1-2所示电路中的电流 I。

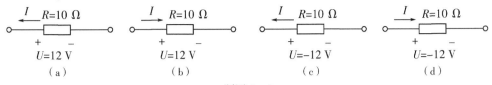

题图1-2

1.6　求题图1-3所示电路中的电流 I 和电压 U_{ab}。

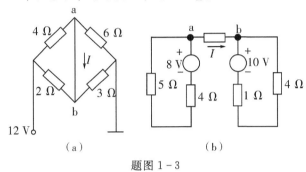

题图1-3

1.7　试计算：

(1)题图1-4(a)中 A、B 两点的电位；

(2)题图1-4(b)中 A、B、C 各点的电位；

(3)题图1-4(c)中 A、B、C、D 各点的电位。

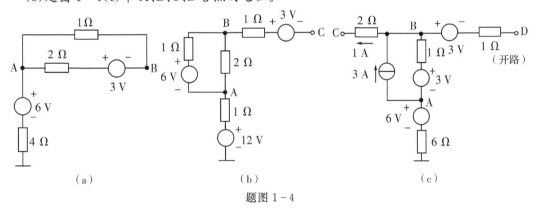

题图1-4

1.8　在题图1-5中，已知 $U_1=10$ V，$E_1=4$ V，$E_2=2$ V，$R_1=2$ Ω，$R_2=4$ Ω，$R_3=6$ Ω，1、2 两点间开路。试计算开路电压 U_{12}。

1.9　在题图1-6所示电路中，电灯泡的额定电压为220 V，额定功率为60 W和100 W，电源电压为220 V，电源内阻忽略不计。试问：

(1)开关 S 闭合前电流 I 和 I_1 各为多少？

(2)开关 S 闭合后，电流 I_1 是否被分掉一些？此时 I、I_1 和 I_2 各为多少？

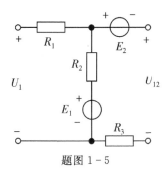

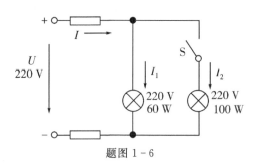

题图 1-5　　　　　　　　　　　　　　　　题图 1-6

1.10　在题图 1-7 所示电路中,设 D 为电位参考点。当电位器调到 $R_1=4\ \text{k}\Omega$, $R_2=6\ \text{k}\Omega$ 时,试求:

(1)电压 U_{AB} 和 U_{BC};

(2)A、B、C 各点的电位。

1.11　题图 1-8 所示是一个电压衰减电路,共分四挡。当输入电压 $U_1=16\ \text{V}$ 时,试分析 a、b、c、d 各挡输出电压是多少?

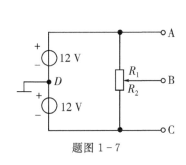

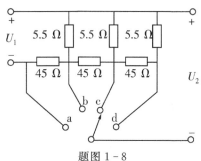

题图 1-7　　　　　　　　　　　　　　　　题图 1-8

1.12　如题图 1-9(a)所示,E 为电压源的电压。问:接入一个负载电阻和再并联一个负载电阻,电压 U_{AB} 是否会变化? 通过电压源的电流呢?

如题图 1-9(b)所示,I_S 为电流源的电流。问:接入一个负载电阻和再并联一个负载电阻,电压 U_{AB} 是否会变化? 通过电流源的电流呢?

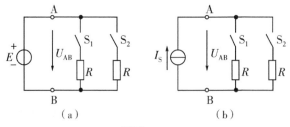

（a）　　　　　　　　　　　　（b）

题图 1-9

1.13　已知 $R_1=2\ \Omega$, $R_2=4\ \Omega$, $R_3=8\ \Omega$, 在题图 1-10(a)所示电路中, $I_A=2\ \text{A}$, $I_C=8$ A,求通过 R_1、R_2、R_3 的电流;在题图 1-10(b)所示电路中,各电阻值如上, $U_{AB}=2\ \text{V}$, $U_{AC}=4$ V,求 U_{AO}、U_{BO}、U_{CO}。

1.14 如题图 1-11 所示,已知 $R_1 = 2\ \Omega$, $R_2 = 4\ \Omega$, $R_3 = 3\ \Omega$, $E_1 = 9\ \text{V}$, $E_2 = 36\ \text{V}$。求 U_{AD} 和 U_{DB}(在闭合回路中任何两点之间电压都有两条路径可以计算。要求进行两次计算,相互校验)。

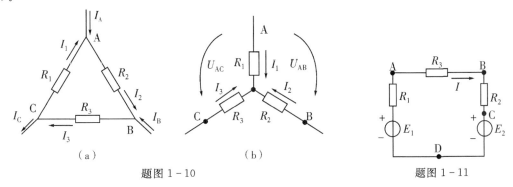

题图 1-10　　　　　　　　　　　题图 1-11

B 级

1.15 如题图 1-12 所示电路中,两只 $10\ \text{k}\Omega$ 的可变电阻构成同轴电位器。当滑动触头调到最左端、最右端和中间位置时,输出电压 U_0 分别为多少伏?

1.16 如题图 1-13 所示是一个由两只电位器 R_1 和 R_2 构成的调压电路,试分析输出电压 U_0 的变化范围。

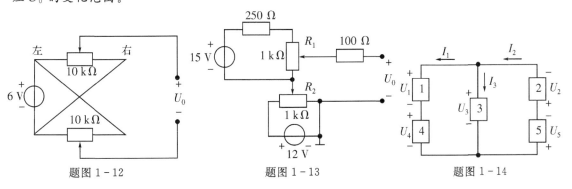

题图 1-12　　　　　　　题图 1-13　　　　　　　题图 1-14

1.17 在题图 1-14 中,五个元件的电压和电流的参考方向如图所示,由实验测得 $I_1 = -4\ \text{A}$, $I_2 = 6\ \text{A}$, $I_3 = 10\ \text{A}$, $U_1 = 140\ \text{V}$, $U_2 = -90\ \text{V}$, $U_3 = 60\ \text{V}$, $U_4 = -80\ \text{V}$, $U_5 = 30\ \text{V}$。

(1)判别哪些元件是电源? 哪些元件是负载?

(2)计算电源发出的功率和负载吸收的功率各为多少? 是否平衡?

第2章

直流电路分析

 学习目标

1.知识目标

(1)了解电路的三种工作状态及其特点。

(2)熟练掌握电路的分析方法。

2.能力目标

熟练掌握各种分析方法的实际应用。

知识分布网络

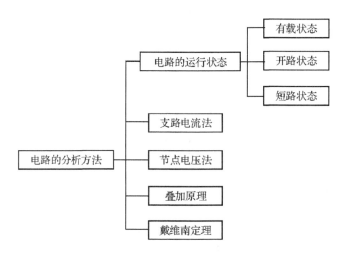

2.1 电路运行状态

电路有三种基本工作状态,即有载状态、开路状态和短路状态。

能力知识点1 有载工作状态

1.有载状态

将如图2-1(a)所示电路的电源开关S合上,电源与负载接通,电路则处于有载状态。

电路中的电流为

$$I = \frac{E}{R_0 + R} \tag{2.1}$$

式中,E为电源电动势,R_0为电源内阻,E与R_0反映电源的性质,一般为定值。可见,负载电

阻 R 越小,则电流 I 越大。

式(2.1)的另一种形式为

$$E = IR + IR_0 = U + IR_0$$

所以

$$U = E - IR_0 \qquad (2.2)$$

可见,在有载状态下,电源的端电压 U 恒小于电源的电动势 E,差值为电源内阻电压降 IR_0。电流 I 越大,IR_0 越大,电源的端电压 U 越小。

电源发出的功率为

$$P = UI = (E - IR_0)I = EI - I^2R_0 \qquad (2.3)$$

式中,EI 为电源产生的功率,I^2R_0 为电源内阻上损耗的功率。内阻上的功率损耗有害无益,致使电源发热。

从上式可以看出,如果发电机的端电压 U 和流出的电流 I 都较小,则发出功率就小,发电机没有充分利用,是一种浪费。为使发电机多发电,是否可以任意提高发电机的端电压和流出的电流呢?我们从两方面看:电压若过高,发电机的绝缘材料有可能被击穿;电流若过大,发电机内阻损耗增加,温度过高,因而发电机有被烧毁的危险。负载也是这样,例如白炽灯,如果通入电流太大,必烧断灯丝。就是连接导线也要合理使用,否则会因其中电流过大,烧焦绝缘外皮,造成事故。

📖 **小知识**

任何一种电气设备工作时都有规定的电压值 U_N、电流值 I_N 或功率值 P_N,这些值叫做电气设备的额定值。工业与民用电气设备的额定值通常标在设备的铭牌上,使用时应尽量让设备按额定值工作。只有这样,才能保证电气设备使用的经济性、工作的可靠性和正常的使用寿命。

能力知识点 2 开路状态

工作在有载状态的电路,当拉开开关或熔断器烧断或电路某处发生断线故障时,电路则转为开路状态,如图 2-1(b)所示。开路后的负载,其电流、电压和功率都为零。开路后的电源,因外电路的电阻为无穷大,电流为零,电源的端电压为

$$U = E - IR_0 = E$$

显然,因电流为零,内阻上无电压降,电源的端电压 U 等于电动势 E。此时的端电压称为电源的开路电压,用 U_0 表示,即

$$U_0 = E \qquad (2.4)$$

这样,我们就可以用电压表测量电源的开路电压 U_0,即可得电源的电动势 E。

电路处于开路状态时,因电流等于零,所以电源不输出功率。

能力知识点 3 短路状态

工作在有载状态的电路,当电路绝缘损坏或接线不当或操作不慎时,会在负载两端或电源两端造成电源线直接碰触或搭接,电路则转为短路状态,如图 2-1(c)所示。被短路后的负载,电流、电压和功率都为零;短路后的电源,由于其两极间的外电路的电阻为零,电源自成回路,其电流为

$$I = \frac{E}{R_0 + R} = \frac{E}{R_0}$$

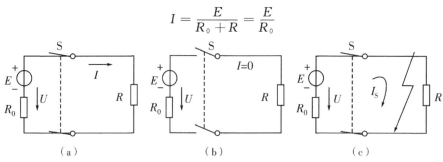

图 2-1 电路的有载、开路和短路状态

因 R_0 很小,所以电流 I 很大,此时的电流称为电源的短路电流,用 I_S 表示,即

$$I_S = \frac{E}{R_0} \tag{2.5}$$

电路处于短路状态时,在电源内部产生的功率损耗为 $I_S^2 R_0$,使电源迅速发热。如不立即排除短路故障,电源将被烧毁。

为防止短路事故所引起的后果,一般在电路中接入熔断器或自动断路器,以便在发生短路时迅速自动切断故障电路与电源的联系。

📖 **小知识**

应当指出,短路并不都是事故。例如,电焊机工作时,焊条与工作面接触也是短路,但不是事故。另外,有时为了某种需要(例如,调节电路中的电压或电流),也常常将电路中某段电路短路(也叫做短接),此种场合的短路也是电路的正常工作状态。

综上所述,在电路的三种工作状态中,有载状态是电路的基本工作状态,而开路状态和短路状态只是电路的两个特殊状态。从电源方面看,开路状态相当于外电路电阻值为无穷大的情况,短路状态相当于外电路电阻值为零的情况。这两者之间便相当于外电路电阻为一般数值($0 < R < \infty$)的情况。

【例 2-1】 有一个 220 V、40 W 的白炽灯,接在 220 V 的电源上。试求通过白炽灯的电流和白炽灯在 220 V 电压工作状态下的电阻。如果每晚用 3 小时,那么一个月消耗多少电能(一个月按 30 天计算)?

解 白炽灯电流

$$I = \frac{P}{U} = \frac{40}{220} = 0.182(\text{A})$$

白炽灯电阻

$$R = \frac{U}{I} = \frac{220}{0.182} = 1208(\Omega)(\text{也可用 } R = \frac{U^2}{P} \text{ 或 } R = \frac{P}{I^2} \text{ 计算})$$

一个月用电量

$$W = Pt = 40 \times 3 \times 30 = 3.6(\text{kWh}) = 3.6 \text{ 度}(1 \text{ kWh} = 1 \text{ 度})$$

【例 2-2】 一直流发电机,额定功率 P_N 为 10 kW,额定电压 U_N 为 220 V,内阻 R_0 为 0.6 Ω,负载电阻的 $R = 10$ Ω,如图 2-2 所示。

试求:

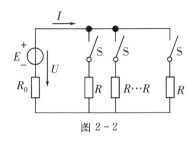

图 2 - 2

(1)发电机的额定电流和电动势。

(2)当发电机带一个负载时,发电机的输出电流、端电压和发出功率。

(3)当发电机带 5 个这样的负载时(并联),发电机的输出电流、端电压和发出功率。

解 (1)发电机的额定电流

$$发电机的电动势\ I_N = \frac{P_N}{U_N} = \frac{10 \times 10^3}{220} = 45.45(A)$$

$$E = U_N + I_N R_0 = 220 + 45.45 \times 0.6 = 247.27$$

(2)发电机带一个 10Ω 的负载时

输出电流 $\quad I = \dfrac{E}{R_0 + R} = \dfrac{247.27}{0.6 + 10} = 23.33(A) < 45.45\ A$

端电压 $\quad U = E - IR_0 = 247.27 - 23.33 \times 0.6 = 233.27(V)$

输出功率 $\quad P = UI = 233.27 \times 23.33 = 5442.19(W) \approx 5.4\ kW < 10\ kW$

(3)发电机带 5 个 10 Ω 的负载时

输出电流 $\quad I = \dfrac{E}{R_0 + \dfrac{R}{5}} = \dfrac{247.27}{0.6 + \dfrac{10}{5}} = 95.10(A) > 45.45\ A$

端电压 $\quad U = E - IR_0 = 247.27 - 95.10 \times 0.6 = 190.21(V)$

输出功率 $\quad P = UI = 190.21 \times 95.10 = 18088.97(W) \approx 18\ kW > 10\ kW$

此时发电机的电流和发出功率均大大超过其额定值,处于过载状态,如果发电机长时间运行将导致烧毁。同时可看到,发电机过载运行时,因电流较大,电源内阻压降 I_{R_0} 增大,造成发电机端电压 U 明显下降,这对负载的工作是非常不利的。

通过以上并联供电一例,我们可以明确以下几个问题:

(1)一般电源因含有内阻,其端电压 U 是随负载电流的增加而下降的。如果输电线路较长,导线电阻不能忽略时,输电线上还会产生电压损失,电源的端电压将下降更多。

(2)如果电源内阻和导线电阻极小,可以忽略不计时,电源的端电压可认为基本不变,各并联负载则彼此独立。其中任何一个负载的工作状态(但不得短路),不影响其他负载的工作。

(3)随着并联负载的增多(负载增加),线路上的总电阻减小,电源输出电流和输出功率相应增大。换句话说,电源究竟输出多少电流和功率,这决定于负载的大小。一般情况下,负载需要多少,电源就供给多少,电源能自动适应负载的需要。但为了经济和安全,电路最好工作在额定状态。

📖 **小知识**

在电力系统中,短路故障产生原因很多,对电力系统的危害相当严重。

其主要原因如下：①电气设备载流部分的绝缘损坏；②操作人员违反安全操作规程而发生误操作；③鸟兽跨越在裸露的相线之间或相线与接地物体之间，或咬坏设备、导线绝缘。

对电力系统的危害如下：①短路时会产生很大电动力和很高温度，使短路电路中元件受到损坏和破坏，甚至引发火灾事故。②短路时，电路的电压骤降，将严重影响电气设备的正常运行。③短路时保护装置动作，将故障电路切除，从而造成停电，而且短路点越靠近电源，停电范围越大，造成的损失也越大。④严重的短路要影响电力系统运行的稳定性，可使并列运行的发电机组失去同步，造成系统解列。⑤不对称短路将产生较强的不平衡交变电磁场，对附近的通信线路、电子设备等产生电磁干扰，影响其正常运行，甚至发生误动作

本节思考题

1. 并联供电有什么特点？
2. 一台发电机，额定电流 100 A，只接了 60 A 的负载，还有 40 A 的电流去哪里了？
3. 你是否注意到，电灯在深夜一般要比晚上七八点钟亮一些？试说明这个现象的原因。

2.2　支路电流法

支路电流法是直接应用基尔霍夫定律来求解复杂电路的基本方法。它是以支路电流为待求量而列方程式的，所以称为"支路电流法"。

如图 2-3 所示电路是一个复杂电路。其中三个电阻既不是串联关系，也不是并联关系，不能用串、并联化简的方法进行分析计算。

支路电流法，是以待求支路电流为未知量，按一定规则列方程求解的方法。规则如下：

（1）首先按基尔霍夫电流定律列节点方程。

点 a $I_1 + I_2 = I_3$

点 b $I_3 = I_1 + I_2$

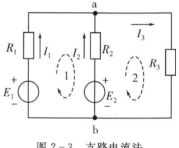

图 2-3　支路电流法

这两个方程中，有一个不是独立方程。所以可以省去一个。一般来说，若节点数为 n，独立方程的个数为 $n-1$。

（2）再按基尔霍夫电压定律列回路方程。对回路 1、回路 2 和最外围回路均可按基尔霍夫电压定律列出相应的回路方程，但其中同样有不是独立的方程。其实，需列电压方程数为网孔的个数。

根据电路中所标电动势和电流的参考方向，按顺时针方向对网孔回路电压方程：

网孔 1 $I_1 R_1 + E_2 = I_2 R_2 + E_1$

网孔 2 $E_2 = I_2 R_2 + I_3 R_3$

（3）将所列的独立方程联立求解。

$$\begin{cases} I_1 + I_2 = I_3 \\ I_1 R_1 + E_2 = I_2 R_2 + E_1 \\ E_2 = I_2 R_2 + I_3 R_3 \end{cases}$$

所得结果为正，则表示实际方向与图中参考方向一致；若结果为负，则表示实际方向与图

中参考方向相反。

综上所述,采用支路电流法分析电路的步骤是:

(1)判别电路的网孔数和节点数 n。

(2)标出各待求电流的参考方向。

(3)按电流定律列节点方程,方程数为$(n-1)$个。

(4)按电压定律列回路方程,方程数为网孔数。

(5)将节点方程和回路方程联立求解。

【例 2-3】 在图 2-3 中,已知 $E_1=130$ V,$E_2=120$ V,$R_1=R_2=2$ Ω,$R_3=4$ Ω。求各支路电流。

解 标出各支路电流参考方向如图 2-3 所示,根据基尔霍夫定律列方程

$$\begin{cases} I_1 + I_2 = I_3 \\ I_1 R_1 + E_2 = I_2 R_2 + E_1 \\ E_2 = I_2 R_2 + I_3 R_3 \end{cases}$$

代入数据,得

$$\begin{cases} I_1 + I_2 = I_3 \\ 2I_1 + 120 = 2I_2 + 130 \\ 120 = 2I_2 + 4I_3 \end{cases}$$

整理,并解方程组得

$$I_1 = 15 \text{ A} \quad I_2 = 10 \text{ A} \quad I_3 = 25 \text{ A}$$

各支路电流均为正值,表示电流实际方向与参考方向一致。

2.3 节点电压法

如图 2-4 所示是一个只有两个节点而支路数较多的电路,如果仍采用支路电流法来计算各支路电流,所列方程数较多,不易计算,因此采用节点电压法最为适宜。

节点电压法的思路是,首先在如图 2-4 所示的电路中两个节点 a、b 之间设一个电压 U(称为节点电压),然后找出节点电压 U 的关系式,最后根据 U 的关系式计算各支路电流。

根据【例 1-6】中求电路中两点间电压的方法可得

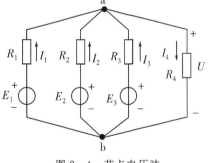

图 2-4 节点电压法

$$\begin{cases} U = E_1 - I_1 R_1 \\ U = E_2 - I_2 R_2 \\ U = E_3 - I_3 R_3 \end{cases}$$
$$U = I_4 R_4$$

上式可变换为

$$I_1 = \frac{E_1 - U}{R_1} \quad I_2 = \frac{E_2 - U}{R_2} \quad I_3 = \frac{E_3 - U}{R_3} \quad I_4 = \frac{U}{R_4} \tag{2.6}$$

根据基尔霍夫电流定律,有

$$I_1 + I_2 + I_3 = I_4$$

将上述各表达式代入,整理解得

$$U = \frac{\dfrac{E_1}{R_1} + \dfrac{E_2}{R_2} + \dfrac{E_3}{R_3}}{\dfrac{1}{R_1} + \dfrac{1}{R_2} + \dfrac{1}{R_3} + \dfrac{1}{R_4}} \tag{2.7}$$

注意,式中分子各项的正负号。在图 2-4 所示节点电压参考方向的条件下,凡电动势上端为正号,电动势取正号;反之,则取负号。若支路中是恒流源,则可用 I_{S1} 直接代替式中的 $\dfrac{E_1}{R_1}$,其余各支路依此类推。

求出节点电压后,再回到原电路,将求出的节点电压 U 分别代入式(2.6),即可求出各支路电流。

【例 2-4】 在如图 2-4 所示电路中,已知 $E_1 = 100 \text{ V}$,$E_2 = 90 \text{ V}$,$E_3 = 140 \text{ V}$,$R_1 = 4 \ \Omega$,$R_2 = 5 \ \Omega$,$R_3 = 20 \ \Omega$,$R_4 = 2 \ \Omega$。求各支路电流。

解 (1)求节点电压。

$$U = \frac{\dfrac{E_1}{R_1} + \dfrac{E_2}{R_2} + \dfrac{E_3}{R_3}}{\dfrac{1}{R_1} + \dfrac{1}{R_2} + \dfrac{1}{R_3} + \dfrac{1}{R_4}} = \frac{\dfrac{100}{4} + \dfrac{90}{5} + \dfrac{140}{20}}{\dfrac{1}{4} + \dfrac{1}{5} + \dfrac{1}{20} + \dfrac{1}{2}} = 50(\text{V})$$

(2)求各支路电流。

$$I_1 = \frac{E_1 - U}{R_1} = \frac{100 - 50}{4} = 12.5(\text{A})$$

$$I_2 = \frac{E_2 - U}{R_2} = \frac{90 - 50}{5} = 8(\text{A})$$

$$I_3 = \frac{E_3 - U}{R_3} = \frac{140 - 50}{20} = 4.5(\text{A})$$

$$I_4 = \frac{U}{R_4} = \frac{50}{2} = 25(\text{A})$$

对以上例题中两个节点多条支路的复杂电路,用节点电压法分析最为适宜,但对于多节点电路就不宜选择这种方法。

2.4 叠加原理

在如图 2-5(a)所示的电路中,含有两个恒压源,各支路中的电流实际上是由这两个恒压源共同作用产生的。为了把复杂电路的计算化为简单电路的计算,可以认为,每一支路中的电流是由各个恒压源单独作用产生的电流的代数和,这就是叠加原理。应用叠加原理,复杂电路图 2-5(a)就转化为图 2-5(b)和图 2-5(c)两个简单电路。

由图 2-5(b)算出电压源 E_1 单独作用时的各支路电流 I_1',I_2',I_3'。

由图 2-5(c)算出电压源 E_2 单独作用时的各支路电流 I_1'',I_2'',I_3''。

叠加得

$$\begin{cases} I_1 = I_1' - I_1'' \\ I_2 = -I_2' + I_2'' \\ I_3 = I_3' + I_3'' \end{cases}$$

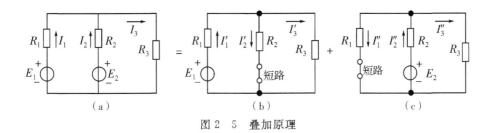

图2－5　叠加原理

式中,因 I''_1 的参考方向与 I_1 的参考方向相反,所以叠加时 I''_1 前面加上负号; I'_2 也是如此。

应用叠加原理的步骤如下:

(1)把含有若干个电源的复杂电路分解为若干个恒压源或恒流源单独作用的分电路。注意:

①某个电源单独作用时,其余电源的作用必须看做为零(恒压源要短路,恒流源要开路)。

②某个电源单独作用时,原复杂电路中的所有电阻(包括电源的内阻)应当保留。

(2)在原复杂电路和各分电路中标出各电流的参考方向。

(3)计算各个电源单独作用时的各分电路中的电流。

(4)将各分电路中的电流叠加,计算原复杂电路中的待求电流。

叠加时应注意各分电路电流的正负号。叠加原理只适用于线性电路,不适用于含有非线性元件的电路。在线性电路中,叠加原理只适用于计算电流和电压,不适用于计算功率。因为功率是与电流或电压的平方成正比的,不是线性关系。

叠加原理不仅可用来计算复杂电路,也是分析计算线性问题的普遍原理。

【例2－5】　如图2－5(a)所示电路中,已知 $E_1=130$ V, $E_2=120$ V, $R_1=R_2=2$ Ω, $R_3=4$ Ω。求各支路电流。

解　将图2－5(a)分解后得图2－5(b)、(c)。

在图2－5(b)中,根据串并联电路的特点,求解各支路电流。

$$I'_1 = \frac{E_1}{R_1 + \frac{R_2 R_3}{R_2 + R_3}} = \frac{130}{2 + \frac{2 \times 4}{2 + 4}} = 39(\text{A})$$

$$I'_2 = \frac{R_3}{R_2 + R_3} I'_1 = \frac{4}{2 + 4} \times 39 = 26(\text{A})$$

$$I'_3 = I'_1 - I'_2 = 39 - 26 = 13(\text{A})$$

同理求解图2－5(c)中各支路电流。

$$I''_2 = \frac{E_2}{R_2 + \frac{R_1 R_3}{R_1 + R_3}} = \frac{120}{2 + \frac{2 \times 4}{2 + 4}} = 36(\text{A})$$

$$I''_1 = \frac{R_3}{R_1 + R_3} I''_2 = \frac{4}{2 + 4} \times 36 = 24(\text{A})$$

$$I'_3 = I''_2 - I'''_1 = 36 - 24 = 12(\text{A})$$

叠加,得

$$I_1 = I'_1 - I''_1 = 39 - 24 = 15(\text{A})$$

$$I_2 = -I'_2 + I''_2 = -26 + 36 = 10(\text{A})$$

$$I_3 = I'_3 + I''_3 = 13 + 12 = 25(A)$$

可见与前面计算结果相同。

【例2-6】 在如图2-6(a)所示的电路中,已知$I_{S1}=10$ A,$E_2=10$ V,$R_1=2$ Ω,$R_2=4$ Ω,$R_3=1$ Ω。试求电压源中的电流和电流源的端电压。

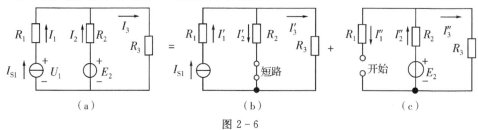

图2-6

解 将图2-6(a)分解为图2-6(b)、(c)(除源时,将电压源短路,将电流源开路)。

在图2-6(b)中,根据串并联电路的特点,求解各支路电流。

$$I'_1 = I_{S1} = 10(A)$$

$$I'_2 = \frac{R_3}{R_2+R_3}I_{S1} = \frac{1}{4+1} \times 10 = 2(A)$$

$$I'_3 = I_{S1} - I'_2 = 10 - 2 = 8(A)$$

同理,求解图2-6(c)中各电流。

$$I''_1 = 0(A)$$

$$I''_2 = I''_3 = \frac{E_2}{R_2+R_3} = \frac{10}{4+1} = 2(A)$$

叠加,得电压源中的电流为

$$I_2 = -I'_2 + I''_2 = -2 + 2 = 0(A)$$

且

$$I_1 = I_{S1} = 10(A)$$

$$I_3 = I'_3 + I''_3 = 8 + 2 = 10(A)$$

电流源的端电压为

$$U_1 = I_1R_1 + I_3R_3 = 10 \times 2 + 10 \times 1 = 30(V)$$

可见,应用叠加原理,将复杂电路变成简单电路后,计算过程变得简单了。

2.5 戴维南定理

能力知识点1 有源二端网络

对于复杂电路,如果只要求计算其中一条支路的电流时,用前面所讲的方法计算就显得有些多余。如图2-7(a)所示的电路中,当只需要计算电阻R_3的电流I_3时,可以暂时把待求电流的支路R_3移开(a与b两点之间开路),余下的电路便是一个具有两个接线端的含源电路,这类电路称为有源二端网络,如图2-7(b)所示。

从本质上说,这个有源二端网络就是电阻R_3的电源,R_3的电流、电压和消耗的电能都是由它供给的(作用与一般电源相同)。因此这个有源二端网络一定可按某种规则简化为一个等效的电源,如图 2-7(c)所示。最后再把待求支路 R_3 重新接上,原先的复杂电路转化为简单电路,I_3 的计算就变得简单了。

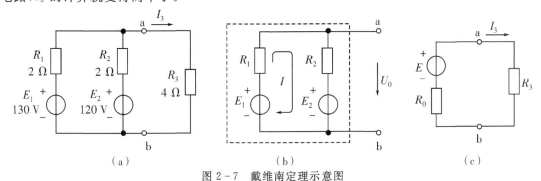

图 2-7　戴维南定理示意图

能力知识点 2　戴维南定理的含义及其应用

表述上述思想的定理称为等效电源定理。等效电源可以是电压源也可以是电流源,等效为电压源的称为戴维南定理,等效为电流源的称为诺顿定理。本书只讨论戴维南定理,具体表述如下:

任何一个有源二端网络,都可以转换为一个等效电压源。等效电压源的电动势 E 等于该有源二端网络的开路电压;等效电压源的内阻 R_0 等于该有源二端网络除源(所有的电源均为零,即恒压源短路,恒流源开路)后的等效电阻。

举例说明戴维南定理的应用。

【例 2-7】　试用戴维南定理计算图 2-7(a)中 R_3 支路的电流 I_3。

解　(1)在图 2-7(a)中首先移开电阻 R_3,得到一个有源二端网络,如图 2-7(b)所示。

(2)计算有源二端网络的开路电压 U_0。

所谓开路电压,即为 a、b 开口处是断开的,电路变成了由 E_1、R_1、R_2、E_2 组成的串联电路。

计算开路电压的方法很多,可以先计算回路电流,再求 a 到 b 的电压降;也可以用节点电压法直接计算。下面用节点电压法计算:

$$U_0 = \frac{\dfrac{E_1}{R_1} + \dfrac{E_2}{R_2}}{\dfrac{1}{R_1} + \dfrac{1}{R_2}} = \frac{\dfrac{130}{2} + \dfrac{120}{2}}{\dfrac{1}{2} + \dfrac{1}{2}} = 125(\text{V})$$

(3)计算有源二端网络除源后的等效电阻,如图 2-8 所示。

$$R_{ab} = \frac{R_1 R_2}{R_1 + R_2} = \frac{2 \times 2}{2 + 2} = 1(\Omega)$$

(4)获得等效电源,计算待求电流 I_3,如图 2-7(c)所示。

$$E = U_0 = 125(\text{V})$$
$$R_0 = R_{ab} = 1(\Omega)$$

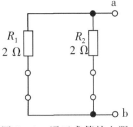

图 2-8　用于求等效电阻

所以
$$I_3 = \frac{E}{R_0 + R_3} = \frac{125}{1 + 4} = 25(\text{A})$$

综上所述,采用戴维南定理分析电路的步骤如下:

(1)将待求电流的支路暂时移开(开路),得到一个有源二端网络。此网络可等效为一个电压源。

(2)根据有源二端网络的具体结构,用适当方法计算 a、b 两点间的开路电压 U_0(即等效电压源的电动势 E)。

(3)用除源的方法计算有源二端网络的等效电阻 R_{ab}(即等效电压源的内阻 R_0)。

(4)画出由等效电压源($E=U_0$,$R_0=R_{ab}$)和待求电流的负载电阻组成的简单电路,计算待求电流。

注意:a、b 两点间的开路电压 U_0 等于图 2−7(b)中的 U_{ab},不等于图 2−7(a)和(c)中的 U_{ab}。

 小技巧

电路的分析方法多种多样,可并不是每一种方法都适用于每一个电路,在实际分析电路时,可根据不同结构的电路特点选用不同的分析方法:

(1)需要求出全部电流时,一般采用支路电流法和节点电压法。

(2)电路结构不太复杂,电源数目又较少时(如只有两个电源),宜采用叠加原理。如果电源数目较多时,可将电源分组处理,然后采用叠加原理,或者采用电压源与电流源等效变换的方法。

(3)只要求计算某一支路电流时,宜采用戴维南定理。

总之,方法要灵活采用。遇到较复杂的电路,有时需要采用两种以上方法配合计算。

 本章小结

本章重点理解和掌握电路三种工作状态和基本分析方法。

1.电路的三种工作状态

有载状态是电路的基本工作状态,额定状态是电路有载时的最佳状态。开路状态与短路状态是电路的两个特殊状态。各状态的电流与电压为:

$$有载状态\begin{cases} I=\dfrac{E}{R_0+R} \\ U=E-IR_0 \end{cases} \quad 开路状态\begin{cases} I=0 \\ U_0=E \end{cases} \quad 短路状态\begin{cases} I_S=\dfrac{E}{R_0} \\ U=0 \end{cases}$$

2.电路的分析方法

(1)对简单电路,可采用串并联化简和欧姆定律即可计算电路的电流和电压。

(2)对复杂电路,可根据电路的结构和计算需要选择不同的分析方法。

①需要求出全部电流时,一般采用支路电流法和节点电压法。

②电路结构不太复杂,电源数目又较少时(如只有两个电源),宜采用叠加原理。如果电源数目较多时,可将电源分组处理,然后采用叠加原理,或者采用电压源与电流源等效变换的方法。

③只要求计算某一支路电流时,宜采用戴维南定理。

总之,方法要灵活采用。遇到较复杂的电路,有时需要采用两种以上方法配合计算。

本章习题

A 级

2.1 在题图 2−1 所示电路中,已知 $E_1=80$ V,$E_2=30$ V,$R_1=2$ Ω,$R_2=2$ Ω,$R_3=4$ Ω,

试分别用支路电流法、节点电压法、电压源与电流源等效变换(只计算 I_3)、叠加原理、戴维南定理(只计算 I_3)计算各支路电流。

2.2 试用叠加原理计算题图 2-2 中 4 Ω 电阻的电流。

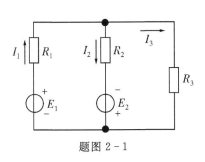

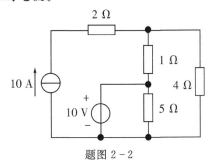

题图 2-1   题图 2-2

2.3 在题图 2-3 所示电路中,已知 $E=6$ V,$I_S=2$ A,$R_1=3$ Ω,$R_2=6$ Ω,$R_3=5$ Ω,$R_4=7$ Ω。试分别用电压源与电流源等效变换和戴维南定理计算电阻 R_4 中的电流 I_4。

2.4 在题图 2-4 所示电路中,试分析输出电压 U_O 与 U_{S1}、U_{S2}、U_{S3} 之间的关系。

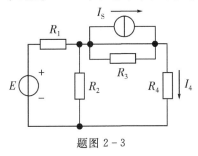

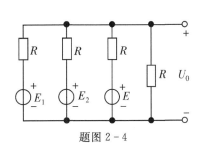

题图 2-3   题图 2-4

2.5 在题图 2-5 所示电路中,试用节点电压法和电压源与电流源等效变换的方法计算电流 I。

2.6 在题图 2-6 所示电路中,已知 $I_S=1$ A,$E_1=9$ V,$E_2=2$ V,$R_1=1$ Ω,$R_2=3$ Ω,$R_3=4$ Ω,$R_4=8$ Ω。试用电压源与电流源等效变换的方法计算电流 I_4。

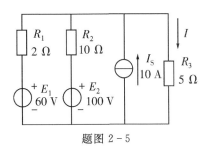

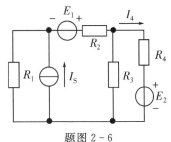

题图 2-5   题图 2-6

B 级

2.7 试用戴维南定理和电压源与电流源等效变换的方法计算题图 2-7 所示电路的电流 I。

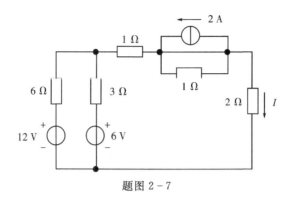

题图 2-7

2.8　题图 2-8 所示为桥式电路，①求 a、b 两端的戴维南等效电路（等效电压源）；②若在之间接入电流表（设其内阻为零），电流为多少？

2.9　试用戴维南定理计算题图 2-9 所示电路中电阻 R 的电流 I。已知 $R_1=R_2=6\ \Omega$，$R_3=R_4=3\ \Omega$，$R=1\ \Omega$，$E=18\ \text{V}$，$I_S=4\ \text{A}$。

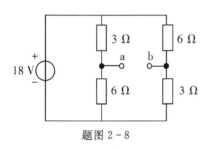

题图 2-8

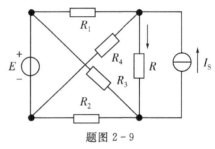

题图 2-9

2.10　在题图 2-10 所示电路中，已知 $I_S=10\ \text{A}$，$E=10\ \text{V}$，$R_1=2\ \Omega$，$R_2=4\ \Omega$，$R_3=1\ \Omega$。

(1)试求电压源中的电流 I。

(2)试求电流源中的电压 U。

(3)验证功率平衡关系。

2.11　在题图 2-11 所示电路中，已知 $E=10\ \text{V}$，$I_S=2\ \text{A}$，$R_1=2\ \Omega$，$R_2=4\ \Omega$，$R_3=6\ \Omega$，$R_4=1\ \Omega$，$R_5=2\ \Omega$，试用戴维南定理求 R_4 中的电流 I_4。

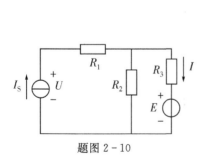

题图 2-10

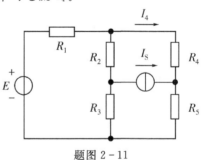

题图 2-11

第3章

正弦交流电路

 学习目标

1. 知识目标

(1) 掌握正弦交流电的基本知识。

(2) 了解正弦量的相量分析法。

(3) 理解纯电阻、纯电感、纯电容单一参数交流电路的电压与电流关系以及功率关系。

(4) 理解 RLC 串联交流电路的电压与电流关系以及功率关系。

(5) 理解提高功率因数的意义和方法

(6) 了解电路的谐振现象。

2. 能力目标

(1) 能利用单一参数交流电流的电压与电流关系以及功率关系解决实际问题。

(2) 能利用 RLC 串联交流电流的电压与电流关系以及功率关系解决实际问题。

知识分布网络

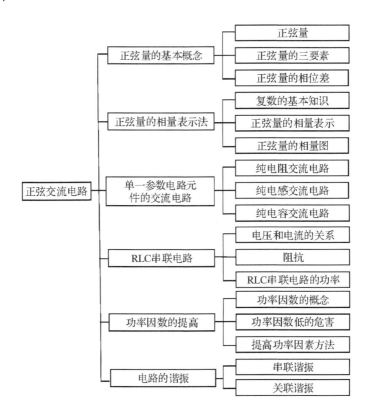

3.1 正弦量的基本概念

能力知识点 1　正弦量

在电力系统中,考虑到传输、分配和应用电能方面的便利性、经济性,大都采用交流电。工程上应用的交流电,一般是随时间按正弦规律变化的,称为正弦交流电,简称交流电。正弦交流电路是指含有正弦电源而且电路各部分所产生的电压和电流均按正弦规律变化的电路。在正弦交流电路中,电流、电压和电动势是基本的物理量,但它们本身又是正弦量,具有正弦特征。正弦特征表现在三个方面,即周期、幅值和初相位,称为正弦量的三要素。

能力知识点 2　正弦量的三要素

图 3-1 所示为正弦量(以电流 i 为例)的一般变化曲线。电流 i 随时间的变化关系可用正弦函数表达,即

$$i = I_m \sin(\omega t + \psi) \tag{3.1}$$

式(3.1)称为正弦量的解析式。式中 i 为正弦交流电的瞬时值,I_m 为正弦交变电流的最大值,ω 称为正弦量角频率,ψ 称为初相位。由式(3.1)可知,对于一个正弦电流 i,如果为 I_m、ω、ψ 已知,交流电的瞬时表达式即可以确定。因此最大值、角频率、初相位称为正弦量的三要素。

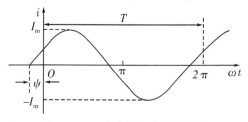

图 3-1　正弦交流电流的波形图

1. 周期、频率和角频率

正弦量的变化是周而复始的。由图 3-1 可见,正弦电流的变化,经过一定的时间后,又重复原来的变化规律。正弦量变化一次所需的时间称为周期,用 T 表示,单位为秒(s)。周期可以反映正弦量变化的快慢。每秒变化的次数称为频率,用 f 表示,单位是赫兹(Hz)。

频率与周期互为倒数关系,即

$$f = \frac{1}{T} \quad \text{或者} \quad T = \frac{1}{f} \tag{3.2}$$

在我国和其他大多数国家,都采用 50 Hz 作为电力标准频率,这种频率在工业上应用广泛,习惯上也称为工频。

📖 **小知识**

世界上包括我国在内的大多数国家采用 50 HZ,有些国家(如日本、美国等)采用 60 HZ。留意一下我们现在所使用的手机充电器、电脑的适配器等用单设备的铭牌上标注的频率多为 50～60 Hz,以方便用户在不同的国家使用。另外,在其他各种不同的工程技术领域中也使用

各种不同的频率,例如,收音机中波段的频率通常是 $530 \sim 1600$ kHZ;短波段是 $2.3 \sim 23$ MHZ。

由图 3-1 还可以看出,正弦量每经历一个周期 T 的时间,相位增加 2π 弧度,为避免与机械角度混淆,这个角度称为电角度。则每秒变化的电角度为 $2\pi f$ 弧度,每秒变化的弧度数用 ω 表示,即

$$\omega = \frac{2\pi}{T} = 2\pi f \tag{3.3}$$

式中 ω 称为正弦量的角频率,单位为弧度/秒(rad/s)。角频率也能反映正弦量变化的快慢。角频率大,则频率高、周期短,说明变化得快。周期 T、频率 f 和角频率 ω 是从不同角度反映正弦量变化快慢的三个物理量。

【例 3-1】 试求我国工频电源的周期和角频率。

解 由于工频 $f = 50$ Hz

则   周期 $T = \dfrac{1}{f} = \dfrac{1}{50} = 0.02\,(\text{s})$

             角频率 $\omega = 2\pi f = 2 \times 3.14 \times 50 = 314\,(\text{rad/s})$

2. 幅值与有效值

正弦交流电在周期性变化过程中,出现的最大瞬时值称为交流电的幅值或最大值,用带下标为 m 的字母表示,如式(3.1)中的 I_m。

在分析和计算正弦交流电路时,常用有效值。因为电路的主要作用是转换能量。周期量的瞬时值和最大值都不能确切地反映它们在能量方面的效果,而有效值是由电流的热效应来规定的。不论是周期性变化的电流还是直流电流,只要它们在相同的时间内通过同一电阻而两者的热效应相等,就把它们的有效值看做是相等的。也就是说:某一电阻元件 R,周期电流 i 在某一个周期 T 内通过电阻产生的热量与某一个直流电流 I 在同一时间 T 内流过电阻产生的热量相等,则该直流电的数值 I 就称为这个周期电流 i 的有效值。

按照上述定义可得

$$\int_0^T i^2 R \mathrm{d}t = I^2 R T$$

由此得出周期电流有效值的定义式

$$I = \sqrt{\frac{1}{T} \int_0^T i^2 \mathrm{d}t} \tag{3.4}$$

即周期量的有效值等于其瞬时值平方在一个周期内的平均值的平方根,又称均方根值。

式(3.4)中的 i 为随时间变化的周期量。如果 i 为正弦交流电流,即

$$i = I_m \sin(\omega t + \psi)$$

由式(3.4),它的有效值为:

$$I = \sqrt{\frac{1}{T} \int_0^T [I_m \sin(\omega t + \psi)]^2 \mathrm{d}t} = \sqrt{\frac{1}{T} \int_0^T I_m^2 \left[\frac{1 - \cos 2(\omega t + \psi)}{2} \right] \mathrm{d}t} = \frac{I_m}{\sqrt{2}}$$

所以 $I = \dfrac{I_m}{\sqrt{2}} = 0.707 I_m \tag{3.5}$

同理 $U = \dfrac{U_m}{\sqrt{2}} = 0.707 U_m$

即正弦量的有效值等于它的最大值除以$\sqrt{2}$。

📖 **小知识**

一般来说,电气设备上所标注的电流、电压值都是指有效值;使用交流电流表、电压表所测出的数据也多是有效值。例如,"220 V,25 W"的白炽灯是指它的额定电压的有效值为 220 V。一般不加说明,交流电的大小均指它的有效值。

【例 3-2】 已知交流电压 $U=220\sqrt{2}\sin\omega t$ V,试求其幅值和有效值。

解 幅值 $U_{\mathrm{m}}=220\sqrt{2}=310(\mathrm{V})$

有效值 $U=\dfrac{U_{\mathrm{m}}}{\sqrt{2}}=220$ V

3. 初相位

式(3.1)中,$\omega t+\psi$ 是正弦交流电随时间变化的(电)角度,称为该正弦交流电的相位角,简称相位,单位是 rad(弧度),为了方便也可用度来表示。当 $t=0$ 时的相位称为初相位,简称初相,用 ψ 表示。计时起点选择不同,正弦量的初相位不同。习惯上初相角用小于 180° 的角表示,其绝对值不超过 π。

【例 3-3】 某正弦电压的最大值 $U_{\mathrm{m}}=310$ V,初相 $\psi_u=30°$;某正弦电流的最大值 $I_{\mathrm{m}}=14.1$ A,初相 $\psi_i=-60°$。它们的频率均为 50 Hz。试分别写出电压和电流的瞬时值表达式。

解 电压的瞬时值表达式

$$u=U_{\mathrm{m}}\sin(\omega t+\psi_u)=310\sin(2\pi ft+\psi_u)=310\sin(314t+30°)\ \mathrm{V}$$

电流的瞬时值表达式:

$$i=I_{\mathrm{m}}\sin(\omega t+\psi_i)=14.1\sin(314t-60°)\ \mathrm{A}$$

能力知识点 3 正弦量的相位差

相位差就是两个同频率正弦量的相位之差,它用来描述同频率正弦量之间的相位关系。设

$$u=U_{\mathrm{m}}\sin(\omega t+\psi_u)$$
$$i=I_{\mathrm{m}}\sin(\omega t+\psi_i)$$

它们的相位差

$$\varphi=(\omega t+\psi_u)-(\omega t+\psi_i)=\psi_u-\psi_i \tag{3.6}$$

即电压、电流的相位差为它们的初相位之差。

若 $\varphi>0$,表示"$\psi_u>\psi_i$",表明 u 的相位超前于 i,或 i 的相位滞后于 u。

若 $\varphi<0$,表示"$\psi_u<\psi_i$",表明 u 的相位滞后于 i,或 i 的相位超前于 u。

若 $\varphi=0$,即"$\psi_u=\psi_i$",这种情况称为 u 与 i 同相位,简称同相。

若"$\varphi=\psi_u-\psi_i=\pi$",这表明 u 与 i 在相位上相差 π 角,这种情况称为 u 与 i 反相。

应当注意,当两个同频率正弦量的计时起点改变时,它们的初相跟着改变,初始值也改变,但是两者的相位差保持不变,即相位差与计时起点的选择无关。

【例 3-4】 已知两个正弦电压 $u_1=141\sin(314t-90°)$V,$u_2=311\sin(314t+150°)$V,求两者的相位差,并指出两者的关系。

解　相位差 $\varphi_{12}=-90°-150°=-240°$

由于 $|\varphi_{12}|\geqslant180°$，故 $\varphi_{12}=-240°+360°=120°$

则 u_1 比 u_2 超前 $120°$。

【**例 3 - 5**】　已知某正弦交流电压、电流的瞬时值分别为 $u=311\sin(100\pi t+\dfrac{\pi}{6})\text{V}$，$i=5\sin$

$(100\pi t\quad\dfrac{\pi}{3})\text{A}$。分别写出该电压和电流的幅值、有效值、频率、周期、角频率、初相、相位差。

解　电压的幅值　　　　　　　　$U_\text{m}=311\text{ V}$

电流的幅值　　　　　　　　　　$I_\text{m}=5\text{ A}$

电压的有效值　　　　　　　　　$U=\dfrac{311}{\sqrt{2}}=220(\text{V})$

电流的有效值　　　　　　　　　$I=\dfrac{5}{\sqrt{2}}=3.5(\text{A})$

周期　　　　　　　　　　　　　$T=\dfrac{1}{f}=0.02\text{ s}$

角频率　　　　　　　　　　　　$\omega=100\pi$

频率　　　　　　　　　　　　　$f=\dfrac{\omega}{2\pi}=\dfrac{100\pi}{2\pi}=50(\text{Hz})$

初相　　　　　　　　　　　$\psi_u=\dfrac{\pi}{6}\quad\psi_i=-\dfrac{\pi}{3}$

电压与电流的相位差　　　　$\varphi=\psi_u-\psi_i=\dfrac{\pi}{6}-(-\dfrac{\pi}{3})=\dfrac{\pi}{2}$

本节思考题

1. 交流电的有效值其含义是什么？它是否随着时间的变化而变化？它与频率和相位有无关系？

2. 某电压的瞬时值表达式为 $u=141\sin(6280t+45°)\text{V}$。试指出它的频率、周期、角频率、幅值、有效值及初相位各是多少？

3.2　正弦量的相量表示法

由上节内容可知，振幅、角频率、初相位这三个要素就可以确定一个正弦量。正弦量可以用不同的方式来表示，只要把三个要素表示清楚即可。正弦量的表示方法是分析正弦交流电路的工具。

前面已经用过两种方法表示正弦量，即三角函数式及其波形图表示，都很直观，但不便于计算。为了电路分析和计算的方便，经常采用相量表示法，即用复数式与相量图来表示正弦量。

能力知识点 1　复数的基本知识

由实轴和虚轴所构成的复平面上，一个复数 A 可以用一条有向线段来表示，在图 3 - 2 中，复数 A 的长度记为 $|A|$，它称为复数 A 的模；有向线段与实轴的夹角记为 φ，称为复数 A

的辐角;有向线段端点的横坐标 a 称为复数 A 的实部;其在虚轴＋j 上的纵坐标 b 则称为复数 A 的虚部。

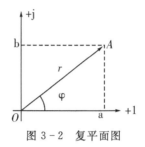

图 3-2　复平面图

1. 复数的表示形式

复数有多种表示形式,有代数式、指数式、三角函数式和极坐标式。

代数式为　　　　　　　　$A = a + jb$

指数式为　　　　　　　　$A = re^{j\varphi}$

三角函数式为　　　　　　$A = r\cos\varphi + jr\sin\varphi$

极坐标式为　　　　　　　$A = r\angle\varphi$

在正弦交流电路分析与计算时,常用代数式和极坐标式,代数式适用于复数的加、减运算,极坐标式适用于复数的乘、除运算。它们之间的关系如下:

$$r = \sqrt{a^2 + b^2} \qquad\qquad \varphi = \arctan\frac{b}{a}$$

$$a = r\cos\varphi \qquad\qquad b = r\sin\varphi$$

2. 复数的运算

进行复数的四则运算时,一般情况下,复数的加、减运算采用代数式进行,其实部与实部相加、减,虚部与虚部相加、减;复数的乘、除法运算采用极坐标式进行,两复数相乘,模相乘,辐角相加,两复数相除,模相除,辐角相减;复数的乘、除法运算也可采用三角函数式或指数式进行。

【例 3-6】 已知复数 $A = 3 + j4, B = 4 + j3$,试计算 $A + B、A - B、AB、A/B$。

解　$A + B = (3 + j4) + (4 + j3) = (3 + 4) + j(4 + 3) = 7 + j7$

　　　$A - B = (3 + j4) - (4 + j3) = (3 - 4) + j(4 - 3) = -1 + j$

将复数 $A、B$ 转换成极坐标形式

$$A = 3 + j4 = 5\angle 53°$$

$$B = 4 + j3 = 5\angle 37°$$

则

$$AB = (5\angle 53°)(5\angle 37°) = 25\angle 90°$$

$$A/B = (5\angle 53°)/(5\angle 37°) = 1\angle 18°$$

 小技巧

两个复数相加或相减。应先将它们都化为代数形式,再将它们的实部与实部相加或相减,虚部与虚部相加或相减。两个复数相乘或相除,应先把它们都化为极坐标形式,再将它们的模相乘或相除,它们的辐角相加或相减。

能力知识点 2　正弦量的相量表示

求解一个正弦量必须先求得它的三要素,但在分析正弦交流电路时,同一电路中所有的电压、电流都是同频率的正弦量,而且它们的频率与正弦电源的频率相同,往往是已知的,可不必考虑,因此,一个正弦量由幅值(或有效值)及初相位两个要素就可以确定了。

比照复数和正弦量,一个复数和一个正弦量可以一一对应,即正弦量可以用复数表示。复数的模为正弦量的幅值(或有效值),辐角为正弦量的初相角。表示正弦量的复数称为相量。为了与一般的复数加以区别,我们把表示正弦量的复数称为相量,并在大写字母上打"·"例如 $\dot{U}$、$\dot{I}$、$\dot{E}$。

如正弦量　$i = I_{\mathrm{m}} \sin(\omega t + \psi_i)$

其相量形式为　　　　$\dot{I}_{\mathrm{m}} = I_{\mathrm{m}} \angle \psi_i$　（最大值相量,模为最大值）

或　　　　　　　　$\dot{I} = I \angle \psi_i$　（有效值相量,模为有效值）

注意:正弦量和相量并不相等,只是一一对应,可以互相表示。在运算过程中,相量与一般复数没有区别。

【例 3-7】　试写出下列正弦量的相量。

$$i_1 = 50\sqrt{2} \sin(100\pi t + 30°)\,\mathrm{A}$$
$$u_1 = 100\sqrt{2} \sin(100\pi t + 60°)\,\mathrm{V}$$

解　电压的有效值相量为

$$\dot{U}_1 = 100 \angle 60°(\mathrm{V})$$

电流的有效值相量为

$$\dot{I}_1 = 50 \angle 30°(\mathrm{A})$$

能力知识点 3　正弦量的相量图

设正弦量 $i = I_{\mathrm{m}} \sin(\omega t + \psi_i)$,其相量为 $\dot{I}_{\mathrm{m}} = I_{\mathrm{m}} \angle \psi_i$,在复平面上可以用长度为最大值 I_{m}(或有效值 I),与实轴正向夹角为 φ_i 的矢量表示,如图 3-3 所示。这种表示相量的图称为相量图。有时为简便起见,实轴和虚轴可省去不画。

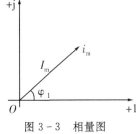

图 3-3　相量图

同频率的正弦量可以画在一个相量图中,在相量图上,能形象地表示出各正弦量的大小和相位关系。

【例 3-8】　已知 $i = 50\sqrt{2} \sin(314t + 30°)\,\mathrm{A}$,$u = 100\sqrt{2} \sin(314t + 60°)\,\mathrm{V}$,试画出电流、电压的相量图。

解　电流、电压的相量图如图 3-4 所示。图中 $\dot{I}$、$\dot{U}$ 分别为电流、电压的相量。从相量图中可以看出,电压超前电流 30°角。

【例 3-9】　试写出表示 $u_{\mathrm{A}} = 220\sqrt{2} \sin 10\pi t$ V,$u_{\mathrm{B}} = 220\sqrt{2} \sin(10\pi t - 120°)$ V 和 $u_{\mathrm{C}} = 220$

$\sqrt{2}\sin(10\pi t+120°)$V 的相量,并画出相量图。

解 分别用有效值相量 $\dot{U}_A,\dot{U}_B$ 和 $\dot{U}_C$ 表示正弦电压 u_A,u_B,u_C,则

$$\dot{U}_A = 220\angle0° = 220°(V)$$

$$\dot{U}_B = 220\angle-120°(V)$$

$$\dot{U}_C = 220\angle+120°(V)$$

其相量图如图 3-5 所示。

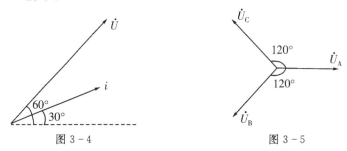

图 3-4   图 3-5

注意以下问题:

(1)相量只表示正弦量,而不是等于正弦量。

(2)只有正弦量才能用相量表示,非正弦量不能用相量表示。

(3)只有同频率的正弦量才能画在同一相量图上。

【例 3-10】 已知电压 $u_1=20\sqrt{2}\sin(\omega t+60°)$V,$u_2=15\sqrt{2}\sin(\omega t+30°)$V,若 $u=u_1+u_2$,计算 $\dot{U}$ 和 u。

解 用相量式计算电压,即

$$\dot{U} = \dot{U}_1 + \dot{U}_2 = 20\angle60° + 15\angle30°$$
$$= 20\cos60°+j20\sin60°+15\cos30°+j15\sin30°$$
$$= 23+j24.8 = \sqrt{23^2+24.8^2}\angle\arctan\frac{24.8}{23}$$
$$= 33.8\angle47.2°(V)$$

则

$$u = 33.8\sqrt{2}\sin(\omega t+47.2°)(V)$$

上述计算也可以根据平行四边形法则在相量图上进行,请读者自行分析。

本节思考题

1.写出下列正弦量对应的相量指数式,并做出它们的相量图。

(1)$i_1=3\sin(\omega t+60°)$A   (2)$i_2=\sqrt{2}\sin(\omega t-45°)$A

2.指出下列各式的错误。

(1)$I=10\sin(\omega t+60°)$A   (2)$i=3\sin(\omega t+60°)=3e^{j60}$A

(3)$\dot{I}=\dot{I}_m\sin(\omega t+\psi)$A   (4)$\dot{I}=10\angle30°$A

3.3 单一参数电路元件的交流电路

在正弦交流电路中,由电阻、电感和电容中任一元件组成的电路,称为单一参数正弦交流电路。单一参数的电压、电流关系是分析交流电路的基础。

能力知识点1 纯电阻交流电路

纯电阻电路是最简单的交流电路,它由交流电源和电阻元件组成。人们平时使用的电灯、电炉、电热器、电烙铁等都属于电阻性负载,它们与交流电源连接构成纯电阻电路。

1. 电压与电流关系

在图3-6(a)所示的电阻元件的交流电路中,假设电阻元件 R 的电压、电流为关联参考方向,设通过电阻元件的正弦电流为

$$i_R = I_{Rm}\sin\omega t \xrightarrow{\text{表示为相量}} \dot{I}_R = I_R\angle 0°$$

根据欧姆定律,电阻元件的电压为

$$u_R = Ri_R = RI_{Rm}\sin\omega t = U_{Rm}\sin\omega t \xrightarrow{\text{表示为相量}} \dot{U}_R = U_R\angle 0° \tag{3.7}$$

式(3.7)中 $\qquad\qquad U_{Rm} = RI_{Rm}$ 或 $U_R = RI_R$

电阻元件上电流、电压的波形图和相量图如图3-6(b)、(c)所示。

可见,①电压、电流同频、同相;②电阻元件的有效值关系及相量关系仍遵从欧姆定律。即

$$\left.\begin{array}{c} U_R = RI_R \\ \dot{U}_R = R\dot{I}_R \end{array}\right\} \tag{3.8}$$

2. 电阻元件上的功率

电阻元件中的电流瞬时值 i_R 和其端电压瞬时值 u_R 的乘积,称为电阻元件的瞬时功率,用 p 表示,即

$$\begin{aligned} p &= i_R u_R = I_{Rm}\sin\omega t\, U_{Rm}\sin\omega t \\ &= U_{Rm}I_{Rm}\sin^2\omega t = \frac{1}{2}U_{Rm}I_{Rm}(1-\cos 2\omega t) \\ &= U_R I_R(1-\cos 2\omega t) \end{aligned} \tag{3.9}$$

式(3.9)表明,电阻元件的瞬时功率总为正值。其中含有一个恒定分量和一个以二倍角频率变化的余弦分量。p 的波形图如图3-6(d)所示。由图3-6(d)也可看到电阻元件的瞬时功率总为正值,因为 u_R 和 i_R 同相,它们同时为正,又同时为负。

一个周期内瞬时功率的平均值,称为平均功率,用 P 表示,即:

$$P = \frac{1}{T}\int_0^T p\,\mathrm{d}t = \frac{1}{T}\int_0^T U_R I_R(1-\cos 2\omega t)\,\mathrm{d}t$$

结果为

$$P = U_R I_R = I_R^2 R = \frac{U_R^2}{R} \tag{3.10}$$

式(3.10)是电阻元件平均功率的常用计算公式,形式上与直流电路中的电阻元件功率计算公式一样,但这里的 U_R 和 I_R 均为交流有效值。

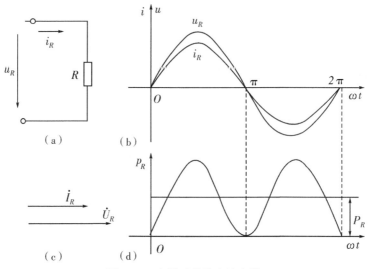

图 3-6 电阻元件的交流电路

📖 **小知识**

我们平时所说的负载消耗的功率,例如 40 W 日光灯、100 W 电烙铁、3 kW 的电炉等都是指平均功率。

电阻元件从电源取用电能而转换为热能,散失于周围空间,因而这种能量的转换过程是不可逆的。所以电阻元件是消耗电能的元件。

【例 3-11】 如图 3-6(a)所示,电流和电压的参考方向如图,已知:$R=10\ \Omega$,$i_R=5\sin(\omega t+30°)$A。

求:(1)电阻 R 两端电压 U_R 及 u_R。

(2)电阻消耗的功率。

解 由题知 $I_{Rm}=5$ A

则 $\qquad I_R=\dfrac{I_{Rm}}{\sqrt{2}}=\dfrac{5}{\sqrt{2}}=3.54(A)$ $\quad \psi_i=30°$,电阻上 $\psi_u=\psi_i=30°$(电流与电压同相)

(1)由于 $U_R=RI_R=10\times3.54=35.4(V)$

则 $\qquad\qquad U_{Rm}=RI_{Rm}=10\times5=50(V)$

于是可得 $\quad u_R=U_{Rm}\sin(\omega t+\psi_u)=50\sin(\omega t+30°)(V)$

(2)电阻消耗的功率。

$\qquad\qquad P=U_RI_R=35.4\times3.54=125(W)$

能力知识点 2 纯电感交流电路

电感元件的工作状况比电阻元件复杂得多。因为电感元件在通入变化的电流时,线圈中产生变化的磁通,这变化的磁通又会在线圈上产生感应电动势,而感应电动势具有阻碍电流变化的作用。这种由线圈自身电流产生磁通而引起的感应电动势,一般称为自感电动势,用 e_L 表示。

通过理论分析,电感元件上的电流和电压的关系,在如图 3-7(a)所示,取关联参考方向则：

$$u_L = L \frac{\mathrm{d}i_L}{\mathrm{d}t} \qquad (3.11)$$

式(3.11)即为电感元件电压与电流的基本关系，对各种变化的电压电流都适用。

如果电感元件在直流电路中，由于电流恒定，其电流变化率$\frac{\mathrm{d}i_L}{\mathrm{d}t}=0$，故电感元件的端电压为零。因而电感元件在直流电路中相当于短路。那么，在正弦交流情况下又如何呢？

1. 电压与电流的关系

如图 3-7(a)所示电感元件的交流电路中，假设电感元件 L 的电压、电流为关联参考方向，设通过电感元件的正弦电流为

$$i_L = I_{Lm}\sin\omega t \xrightarrow{\text{表示为相量}} \dot{I}_L = I_L \angle 0°$$

则电感元件的电压为

$$u_L = L\frac{\mathrm{d}i_L}{\mathrm{d}t} = L\frac{\mathrm{d}(I_{Lm}\sin\omega t)}{\mathrm{d}t} = \omega L I_{Lm}\cos\omega t$$

$$= \omega L I_{Lm}\sin(\omega t + 90°) = U_{Lm}\sin(\omega t + 90°) \qquad (3.12)$$

式(3.12)中 $\qquad U_{Lm} = \omega L I_{Lm}$ 或 $U_L = \omega L I_L$

此时，$u_L = U_{Lm}\sin(\omega t + 90°) \xrightarrow{\text{表示为相量}} \dot{U}_L = U_L \angle 90°$ $\qquad (3.13)$

电感元件上电流、电压的波形图和相量图如图 3-7(b)、(c)所示。

可见，①电压、电流同频，不同相，电压超前电流 90°；②电感元件电压、电流的有效值关系及相量关系分别为

$$\left.\begin{array}{l} U_L = \omega L I_L = X_L I_L \\ \dot{U}_L = \mathrm{j}\omega L \dot{I}_L = \mathrm{j}X_L \dot{I}_L \end{array}\right\} \qquad (3.14)$$

式(3.14)中，ωL 称为电感元件的感抗，用 X_L 表示，即 $X_L = \omega L = 2\pi f L$，单位为欧姆($\Omega$)，简称欧。$X_L$ 与 ω 成正比，频率越高，X_L 越大，在一定电压下，I_L 越小；在直流情况下，$\omega = 0$，$X_L = 0$。电感元件在交流电路中具有通低频阻高频的特性。

2. 电感元件上的功率

电感元件的瞬时功率为瞬时电压与瞬时电流的乘积

$$p = i_L u_L = I_{Lm}\sin\omega t \cdot U_{Lm}\sin(\omega t + 90°)$$

$$= U_{Lm}I_{Lm}\cos\omega t \cdot \sin\omega t = \frac{1}{2}U_{Lm}I_{Lm}\sin2\omega t$$

$$= U_L I_L \sin2\omega t \qquad (3.15)$$

由式(3.15)可知，电感元件的瞬时功率 p 为以 2ω 变化的正弦交变量，幅值为 $U_L I_L$。

由图 3-7(b)、(d)可以看出，在第一个和第三个 1/4 周期内，p 为正值(u_L 和 i_L 正负相同)；在第二个和第四个 1/4 周期内，p 为负值(u_L 和 i_L 一正一负)。可以认为：p 为正值时，电感元件从电源取用电能并转换为磁场能量储存于其磁场中(储能)；p 为负值时，电感元件将储存的磁场能量转换为电能送还电源(放能)。

电感元件的平均功率

$$P = \frac{1}{T}\int_0^T p\mathrm{d}t = \frac{1}{T}\int_0^T U_L I_L \sin2\omega t \mathrm{d}t = 0 \qquad (3.16)$$

式(3.16)说明,电感元件不消耗能量,故它是储能元件。储能元件在一个周期内的平均值为零,因此引入无功功率来衡量电感元件与外界交换能量的规模,即:

$$Q_L = U_L I_L = I_L^2 X_L = \frac{U_L^2}{X_L} \tag{3.17}$$

无功功率的单位是乏(Var)或千乏(kVar)。与无功功率相对应,工程上还常把平均功率称为有功功率。

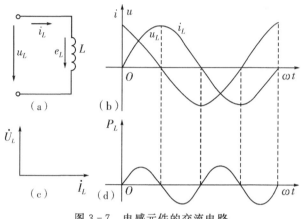

图 3 - 7 电感元件的交流电路

【例 3 - 12】 一个 100 mH 的电感元件接在电压(有效值)为 10 V 的正弦电源上。当电源频率分别为 50 Hz 和 500 Hz 时,电感元件中的电流分别为多少?

解 电感元件的感抗 X_L 与电源频率成正比。显然,两种情况下,电感元件的电流是不一样的。

当 $f = 50$ Hz 时

$$X_L = 2\pi f L = 2\pi \times 50 \times 100 \times 10^{-3} = 31.4(\Omega)$$

$$I_L = \frac{U_L}{X_L} = \frac{10}{31.4} = 318(\text{mA})$$

当 $f = 500$ Hz 时

$$X_L = 2\pi f L = 2\pi \times 500 \times 100 \times 10^{-3} = 314(\Omega)$$

$$I_L = \frac{U_L}{X_L} = \frac{10}{314} = 31.8(\text{mA})$$

可见,在电压不变的情况下,频率愈高,感抗愈大,电流愈小。

能力知识点 3 纯电容交流电路

与储存磁场能量的电感线圈相对应,在电路中还经常用到储存电场能量或电荷的电容器。从电容器的电路特性分析,定义电容器的电容量 C 与电容器所带的电荷量 q 成正比,与其两极板间的电压 u 成反比,即

$$C = \frac{q}{u}$$

电容的单位为法拉(F),简称法。由于法拉的单位太大,工程上多数采用微法(μF)和皮法(pF)作单位。$1\ \mu\text{F} = 10^{-6}$ F,$1\ \text{pF} = 10^{-12}$ F。当极板上的电荷量 q 或电压 u_C 发生变化时,电

路中就会出现电流,即

$$i_C = C \frac{\mathrm{d}u_C}{\mathrm{d}t} \tag{3.18}$$

由式(3.18)可见,电容元件的电流与其两端的电压的变化率成正比。电容电压变化越快,电流越大;电容电压变化越慢,电流越小。对于直流电路,由于 u_C 为常数, $\frac{\mathrm{d}u_C}{\mathrm{d}t} = 0$,因而电流为零,即电容元件在直流电路中相当于开路。

1.电压和电流的关系

如图3-8(a)所示电容元件的交流电路中,假设电容元件 C 的电压、电流为关联参考方向,设通过电容元件的正弦电压为:

$$u_C = U_{Cm}\sin\omega t \xrightarrow{\text{表示为相量}} \dot{U}_C = U_C \angle 0°$$

则电容元件的电流为:

$$i_C = C \frac{\mathrm{d}u_C}{\mathrm{d}t} = C \frac{\mathrm{d}(U_{Cm}\sin\omega t)}{\mathrm{d}t} = \omega C U_{Cm}\cos\omega t$$

$$= \omega C U_{Cm}\sin(\omega t + 90°) = I_{Cm}\sin(\omega t + 90°) \tag{3.19}$$

式(3.19)中 $$I_{Cm} = \omega C U_{Cm} \text{ 或 } I_C = \omega C U_C$$

此时 $$i_C = I_{Cm}\sin(\omega t + 90°) \xrightarrow{\text{表示为相量}} \dot{I}_C = I_C \angle 90° \tag{3.20}$$

电容元件上电流、电压的波形图和相量图如图3-8(b)、(c)所示。

可见,①电压、电流同频,不同相,电流超前电压90°;②电容元件电压、电流的有效值关系及相量关系分别为:

$$\left.\begin{array}{l} I_C = \omega C U_C \text{ 或 } U_C = \dfrac{1}{\omega C}I_C \\[2mm] \dot{I}_C = \mathrm{j}\omega C \dot{U}_C \text{ 或 } \dot{U}_C = -\mathrm{j}\dfrac{1}{\omega C}\dot{I}_C = -\mathrm{j}X_C\dot{I}_C \end{array}\right\} \tag{3.21}$$

式(3.21)中, $\frac{1}{\omega C}$ 称为电容元件的容抗,用 X_C 表示,即 $X_C = \frac{1}{\omega C} = \frac{1}{2\pi f C}$,单位为欧姆(Ω),简称欧。 X_C 与 ω 成反比,频率越高, X_C 越小,在一定电压下, I_C 越大;在直流情况下, $\omega = 0$, $X_C = \infty$ 。电容元件在交流电路中具有隔直流通交流的特性。

2.电容元件上的功率

电感元件的瞬时功率为瞬时电压与瞬时电流的乘积

$$p = i_C u_C = U_{Cm}\sin\omega t \cdot I_{Cm}\sin(\omega t + 90°)$$

$$= U_{Cm}I_{Cm}\cos\omega t \cdot \sin\omega t = \frac{1}{2}U_{Cm}I_{Cm}\sin 2\omega t$$

$$= U_C I_C \sin 2\omega t \tag{3.22}$$

由式(3.22)可知,电容元件的瞬时功率 p 为以 2ω 变化的正弦交变量,幅值为 $U_C I_C$ 。

由图3-8(b)、(d)可以看出:在第一个和第三个1/4周期内, p 为正值(u_C 和 i_C 正负相同);在第二个和第四个1/4周期内, p 为负值(u_C 和 i_C 一正一负)。可以认为: p 为正值时,电容元件从电源取用电能并转换为电场能量储存于其电场中(储能); p 为负值时,电容元件将储存的电场能量转换为电能送还电源(放能)。

电容元件的平均功率

$$P = \frac{1}{T}\int_0^T p\,dt = \frac{1}{T}\int_0^T U_C I_C \sin 2\omega t\,dt = 0 \qquad (3.23)$$

式(3.23)说明,电容元件不消耗能量,故它是储能元件。同理,电容元件的平均功率为零,电容的无功功率为

$$Q_C = U_C I_C = I_C^2 X_C = \frac{U_C^2}{X_C} \qquad (3.24)$$

无功功率的单位是乏(Var)或千乏(kVar)。

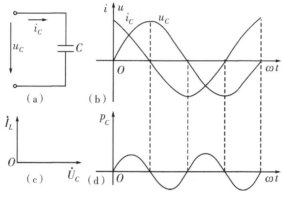

图 3-8 电容元件的交流电路

📖 **小知识**

电容器的储能功能在实际中得到了广泛应用。例如,照相机的闪光灯就是先让干电池给电容器充电,再将其储存的电场能在按动快门瞬间一下子释放出来产生耀眼的闪光。储能焊也是利用电容器储存的电能,在极短时间内释放出来,使被焊金属在极小的局部区域内熔化而焊接在一起。

【例3-13】 一个 100 μF 的电容元件接在电压(有效值)为 10 V 的正弦电源上。当电源频率分别为 50 Hz 和 500 Hz 时,电容元件中的电流分别为多少?

解 电容元件的容抗 X_C 与电源频率成反比。所以,两种情况下,电容元件的电流是不一样的。

当 $f = 50$ Hz 时

$$X_C = \frac{1}{2\pi f C} = \frac{1}{2\pi \times 50 \times 100 \times 10^{-6}} = 31.8(\Omega)$$

$$I_C = \frac{U_C}{X_C} = \frac{10}{31.8} = 314(\text{mA})$$

当 $f = 500$ Hz 时

$$X_C = \frac{1}{2\pi f C} = \frac{1}{2\pi \times 500 \times 100 \times 10^{-6}} = 3.18(\Omega)$$

$$I_C = \frac{U_C}{X_C} = \frac{10}{3.18} = 3140(\text{mA})$$

可见,在电压不变的情况下,频率愈高,容抗愈小,电流愈大。

本节思考题

1. 在 R、L、C 三种单一元件交流电路中,试比较电压和电流的相位关系?

2. 在 R、L、C 三种单一元件交流电路中,试比较电压和电流的有效值关系?

3.4 RLC 串联电路

上节讨论了单一参数的正弦交流电路,然而,在实际电路中,不是仅存在电阻性元件,也存在有感性及容性元件。本节将讨论电阻、电感与电容元件串联的交流电路。

能力知识点 1　电压和电流的关系

在 RLC 串联电路图 3-9 中,设电流 $i = I_m\sin\omega t$ 为参考正弦量,其相量为

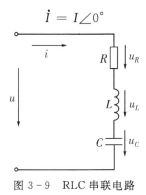

图 3-9　RLC 串联电路

根据 KVL 定律,则端口总电压为

$$u = u_R + u_L + u_C$$

对应的相量式为

$$\dot{U} = \dot{U}_R + \dot{U}_L + \dot{U}_C$$

由于单一参数的电流电压关系为

$$\dot{U}_R = R\dot{I} \quad \dot{U}_L = jX_L\dot{I} \quad \dot{U}_C = -jX_C\dot{I}$$

所以,电压

$$\dot{U} = [R + j(X_L - X_C)]\dot{I} = Z\dot{I} \tag{3.25}$$

式(3.25)中

$$Z = R + j(X_L - X_C) = R + jX = |Z|\angle\varphi \tag{3.26}$$

式(3.26)中 $Z = |Z|\angle\varphi$ 称为阻抗,其中,$|Z|$ 称为复阻抗的阻抗值,φ 为阻抗角。阻抗是对电路中电阻和电抗共同作用的描述,阻抗可以反映交流电路中的电压电流关系。

能力知识点 2　阻抗

所谓阻抗,是指电压相量与电流相量之比,即

$$Z = \frac{\dot{U}}{\dot{I}} = \frac{U}{I} \angle \psi_u - \psi_i$$

其中
$$\begin{cases} |Z| = \dfrac{U}{I} \\ \varphi = \psi_u - \psi_i \end{cases}$$

而
$$Z = R + j(X_L - X_C) = R + jX \tag{3.27}$$

其中
$$\begin{cases} |Z| = \sqrt{R^2 + X^2} \\ \varphi = \angle \arctan \dfrac{X}{R} \end{cases}$$

式(3.27)中,R 是电阻,$X = X_L - X_C$ 为感抗和容抗的代数和,称为"电抗"。电阻、电抗及阻抗的单位均为欧姆(Ω),简称欧。

由式(3.27)可以画出一个三角形,称为阻抗三角形,此三角形斜边是阻抗的模 $|Z|$,两直角边分别为电阻 R 和感抗与容抗之差($X = X_L - X_C$),如图 3-10 所示。其中的 φ 角,在这里称为阻抗角。

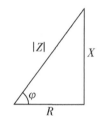

图 3-10　阻抗三角形

值得一提的是,阻抗角 φ 是判断电路性质的重要元素,如果 $X_L = X_C$,则 $\varphi = 0$,这时电流 i 与电压 u 同相,电路呈现电阻性;如果 $X_L > X_C$,则 $\varphi > 0$,这时电流 i 比电压 u 滞后 φ 角,电路呈电感性;如果 $X_L < X_C$,则 $\varphi < 0$,这时电流 i 比电压 u 超前 φ 角,电路呈电容性。

能力知识点3　RLC 串联电路的功率

从单一参数正弦电流分析中得知,电阻元件消耗能量,而电容、电感元件进行能量储放,但不消耗能量。对于 RLC 串联电路,因为有电阻元件存在,所以电路中总是有功率损耗。电路中的有功功率即为电阻上消耗的功率,电路中也存在无功功率。

假设 $u = U_m \sin \omega t$,$i = I_m \sin(\omega t + \varphi)$,且端口电压与电流参考方向关联,则

$$p = ui = U_m \sin \omega t I_m \sin(\omega t + \varphi) = \frac{U_m I_m}{2} \cos \varphi - \frac{U_m I_m}{2} \cos(2\omega t + \varphi)$$

1. 有功功率

正弦电路的有功功率即平均功率

$$P = \frac{1}{T} \int_0^T p \mathrm{d}t = \frac{U_m I_m}{2} \cos \varphi = UI \cos \varphi \tag{2.28}$$

可见,对一般正弦交流电路来讲,负载的有功功率等于负载电流、电压有效值和 $\cos \varphi$ 三者之积。式(3.28)中的 φ 角为乘积中 U 和 I 的相位差,也是负载阻抗的阻抗角。对于确定的负载来讲,φ 角也是确定的,$\cos \varphi$ 是常数,称为负载的功率因数。

2. 无功功率

为了描述负载与外部能量交换的情况,引入无功功率的概念。无功功率用 Q 表示,其定义为

$$Q = UI \sin \varphi \tag{3.29}$$

无功功率的量纲与有功功率的量纲相同,但是因为它不表示实际吸收或发出的功率,为区别起见,它的单位为乏(Var)或千乏(kVar)。

3. 视在功率

一般来讲电气设备都要规定额定电压和额定电流,工程上用它们乘积来表示电气设备的容量,因此引入了视在功率的概念,用 S 表示,其定义为:

$$S - UI \tag{3.30}$$

为了将其与有功功率和无功功率相区别,视在功率用伏安(VA)作单位。

由以上的讨论可得 S、P、Q 三者之间的关系为

$$S = \sqrt{P^2 + Q^2} \qquad P = S\cos\varphi \qquad Q = S\sin\varphi$$

S、P、Q 之间的关系可以用一个三角形表示,如图 3-11 所示,这个三角形称为功率三角形。

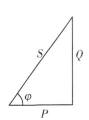

【例 3-14】 图 3-9 所示的电路中,已知 $R = 30\ \Omega$,$L = 127$ mH,$C = 40\ \mu F$,电源电压 $u = 220\sqrt{2}\sin(314t + 20°)$V。

(1)求感抗 X_L、容抗 X_C 和阻抗模 $|Z|$;

(2)确定电流的有效值 I 与瞬时值 i 的表达式;

图 3-11　功率三角形

(3)确定各部分电压的有效值与瞬时值的表达式;

(4)作相量图;

(5)求有功功率 P、无功功率 Q 和视在功率 S。

解　(1)感抗　　$X_L = \omega L = 314 \times 127 \times 10^3 = 40(\Omega)$

容抗　　$X_C = \dfrac{1}{\omega C} = \dfrac{1}{314 \times 40 \times 10^{-6}} = 80(\Omega)$

阻抗模　$|Z| = \sqrt{R^2 + (X_L - X_C)^2} = \sqrt{30^2 + (40-80)^2} = 50(\Omega)$

(2)电流 $I = \dfrac{U}{|Z|} = \dfrac{220}{50} = 4.4(A)$。

确定瞬时值 i 的表达式需要知道 u 和 i 之间的相位差 φ。

$$\varphi = \arctan\frac{X_L - X_C}{R} = \arctan\frac{40-80}{30} = -53°$$

因为 $\varphi < 0$,所以电路呈电容性,电流 i 比电压 u 超前 $53°$ 角,故 i 的表达式为

$$i = 4.4\sqrt{2}\sin(314t + 20° + 53°) = 4.4\sqrt{2}\sin(314t + 73°)(A)$$

(3)　$U_R = RI = 30 \times 4.4 = 132(V)$

$u_R = 132\sqrt{2}\sin(314t + 73°)(V)$

$U_L = X_L I = 40 \times 4.4 = 176(V)$

$u_L = 176\sqrt{2}\sin(314t + 73° + 90°) = 176\sqrt{2}\sin(314t + 163°)(V)$

$U_C = X_C I = 80 \times 4.4 = 352(V)$

$u_C = 352\sqrt{2}\sin(314t + 73° - 90°) = 176\sqrt{2}\sin(314t - 17°)(V)$

(4)相量图如图 3-12 所示。

(5)有功功率 $P = UI\cos\varphi = 220 \times 4.4 \times \cos(-53°) = 220 \times 4.4 \times 0.6 = 580.8(W)$。

无功功率

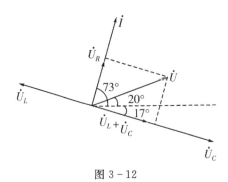

图 3 - 12

$$Q = UI\sin\varphi = 220 \times 4.4 \times \sin(-53°)$$
$$= 220 \times 4.4 \times (-0.8)$$
$$= -774.4(\text{Var})(\text{电容性})$$

视在功率　　$S = UI = 220 \times 4.4 = 968(\text{VA})$

本节思考题

1. 阻抗是如何定义的？

2. RLC 串联电路中有功功率、无功功率和视在功率有什么区别？

3.5 功率因数的提高

能力知识点 1 功率因数的概念

在前面讨论过交流电路的功率问题。实际上，考虑功率问题时，人们更多地注意到功率因数问题。功率因数定义为：

$$\lambda = \frac{P}{S} = \cos\varphi \tag{3.31}$$

功率因数 $\cos\varphi$ 一般均介于 0 与 1 之间。

在交流电路中，供电网向用户负载提供的有功功率 P，一般不等于供电电压 U 和供电电流 I 的乘积 UI，还取决于用户负载的功率因数 $\cos\varphi$，即有功功率：

$$P = UI\cos\varphi$$

可见，功率因数的高低，对电力网的经济运行具有重要的影响。

能力知识点 2 功率因数低的危害

功率因数低能造成什么不利和损失呢？

1. 电源设备的容量不能充分利用

设某供电变压器的额定电压 $U_N = 230$ V，额定电流 $I_N = 434.8$ A，额定容量

$$S_N = U_N I_N = 230 \times 434.8 = 100(\text{kVA})$$

如果负载功率因数等于 1，则变压器可以输出有功功率

$$P = U_N I_N \cos\varphi = 230 \times 434.8 \times 1 = 100(\text{kW})$$

如果负载功率因数等于0.5,则变压器可以输出有功功率

$$P = U_N I_N \cos\varphi = 230 \times 434.8 \times 0.5 = 50 (\text{kW})$$

可见,负载的功率因数越低,供电变压器输出的有功功率越小,设备的利用率就不充分,经济损失也就越严重。

2. 增加输电线路上的功率损失

设供电电源是一台发电机,当发电机的输出电压 U 和输出的有功功率 P 一定时,发电机输出的电流(即线路上的电流)为

$$I = \frac{P}{U\cos\varphi}$$

可见,电流 I 和功率因数 $\cos\varphi$ 成反比。若输电线的电阻为 r,则输电线上的功率损失

$$\Delta P = I^2 r = \left(\frac{P}{U\cos\varphi}\right)^2 r$$

功率损失 ΔP 和功率因数 $\cos\varphi$ 的平方成反比,功率因数越低,功率损失就越大。

功率因数的提高意味着电网内的发电设备得到了充分利用,提高了发电机输出的有功功率和输电线上有功电能的输送量。与此同时,输电系统的功率损失也大大降低,可以节约大量电力。

📖 小知识

我国供电部分规定:高压供电的工业企业,平均功率因数不低于0.95,低压供电的用户不低于0.9,否则予以经济处罚或停止供电。

能力知识点3 提高功率因数的方法

功率因数不高的根本原因主要是电感性负载的存在。提高功率因数简便有效的方法,就是给电感性负载并联适当容量的电容器,用电容性电流来补偿(或抵消)电感性电流以达到提高功率因数的目的。

图3-13(a)用阻抗 Z 代表某电感性负载,在并入电容器 C 之前,电路中的电流 $\dot{I} = \dot{I}_1$ 滞后于电压 $\dot{U}$ 的相位差 φ_1(负载的阻抗角)。当并入电容器后,在电源电压不变的情况下,不会影响负载电流 $\dot{I}_1$ 的大小和相位,但电源供给的总电路电流 $\dot{I}$ 将由 $\dot{I}_1$ 变成

$$\dot{I} = \dot{I}_1 + \dot{I}_C$$

这一变化由图3-13(b)的相量图可以清楚地看出。即并联电容后的总电流 $\dot{I}$ 与电源电压 $\dot{U}$ 之间的相位差 φ 比原来 φ_1 减小了,所以 $\cos\varphi$ 将大于 $\cos\varphi_1$,功率因数提高了。

下面来进一步分析所需电容量的计算。因为 $P = UI\cos\varphi$。就图3-13(a)来说,并联电容后总电路的有功功率 P 没有变,只是由于功率因数的变化而引起了总电流的变化。

并联电容前 $\qquad\qquad I_1 = \dfrac{P}{U\cos\varphi_1}$

并联电容后 $\qquad\qquad I = \dfrac{P}{U\cos\varphi}$

从另一方面,可借助图3-13(b)的相量图得出

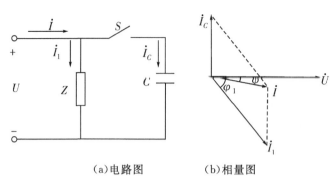

(a)电路图　　　(b)相量图

图 3-13　电容器与电感性负载并联以提高功率因数

$$I_C = I_1 \sin\varphi_1 - I \sin\varphi$$

将 I_1 和 I 两式带入

$$I_C = \frac{P}{U\cos\varphi_1}\sin\varphi_1 - \frac{P}{U\cos\varphi}\sin\varphi$$

或

$$I_C = \frac{P}{U}(\tan\varphi_1 - \tan\varphi)$$

式中，I_C 可通过容抗进行计算，即

$$I_C = \frac{U}{X_C} = U\omega C$$

于是

$$\frac{P}{U}(\tan\varphi_1 - \tan\varphi) = U\omega C$$

则

$$C = \frac{P}{U^2\omega}(\tan\varphi_1 - \tan\varphi) \tag{3.32}$$

在实际中，还常利用功率补偿的概念，将式(3.32)的电容补偿转换为无功功率补偿。

因为

$$Q_C = \frac{U^2}{X_C} = U^2\omega C$$

所以

$$Q_C = P(\tan\varphi_1 - \tan\varphi) \tag{3.33}$$

式中，P 即负载所需的有功功率。还应该注意将功率因数 $\cos\varphi$ 转换成对应的正切 $\tan\varphi$。

【例 3-15】　如图 3-13 所示，已知负载所需有功功率 $P=100\ \text{kW}$，电源电压 $U=220\ \text{V}$，工作频率 $f=50\ \text{Hz}$，如果将功率因数 $\cos\varphi_1=0.6$，提高到 $\cos\varphi=0.85$。求补偿电容量 C 和补偿无功功率 Q_C。

解　由 $\cos\varphi_1=0.6$，即 $\varphi_1=53.1°$，得 $\tan\varphi_1=1.33$

由 $\cos\varphi=0.85$，即 $\varphi=31.79°$，得 $\tan\varphi=0.62$

利用式(3.32)可得

$$C = \frac{P}{U^2\omega}(\tan\varphi_1 - \tan\varphi) = \frac{100 \times 10^3}{2\pi \times 50 \times 220^2} \times (1.33 - 0.62)$$

$$= 0.00658 \times 0.71$$

$$= 4672(\mu\text{F})$$

补偿用无功功率

$$Q_C = P(\tan\varphi_1 - \tan\varphi) = 100 \times 10^3 \times (1.33 - 0.62) = 71(\text{kVar})$$

1.电感性负载提高功率因数的方法如何？提高功率因数的意义如何？

2.电路的功率因数提高后,电源输出的有功功率是否改变？电源的输出电流、无功功率和视在功率如何改变？

3.6 电路的谐振

谐振是正弦交流电路中的一种特殊现象,能够产生谐振现象的电路都可以称为谐振。

具有电阻、电感和电容元件的交流电路,在一定的条件下,电路的端口电压与电流出现相位相同(同相)的情况,即整个电路呈现电阻性。此时我们称该电路工作在谐振状况,也称为电路的谐振。

电路的谐振可以根据电路的组成结构分为串联谐振和并联谐振两种类型。谐振电路是一种具有频率选择性的电路,它可以根据频率来选择某些有用的信号,排除其他频率的干扰信号。

能力知识点 1 串联谐振

如图 3-14 所示,RLC 串联电路中,

当 $X_L = X_C$ 或 $2\pi fL = \dfrac{1}{2\pi fC}$ 时,

则

$$\varphi = \arctan \frac{U_L - U_C}{R} = 0$$

即电源电压 u 与电路中的电流 i 同相。这时电路发生谐振,称为串联谐振。

1.串联谐振的产生条件

当电路发生谐振时,电路的端电压和电流同相,电路呈电阻性,电抗为 0,即 $Z = R + j(X_L - X_C) = R$。因此串联谐振的产生条件为

$$X_L = X_C \quad 或 \quad \omega L = \frac{1}{\omega C}$$

并由此得出谐振频率为

$$f_0 = \frac{1}{2\pi \sqrt{LC}} \quad 或 \quad \omega_0 = \frac{1}{\sqrt{LC}}$$

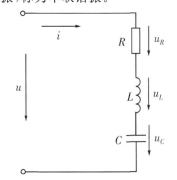

图 3-14 RLC 串联电路的相量模型

由此可知,谐振的发生,不但与 L 和 C 有关,而且与电源的角频率 ω 有关。因此,通过改变 L 或 C 或 ω 的方法都可以使电路发生谐振,这种做法称为调谐。

2.串联谐振的特征

(1)电路的阻抗模最小,$|Z| = \sqrt{R^2 + (X_L - X_C)^2} = R$。在电源电压 U 不变的情况下,电路中电流达到最大值,即 $I = I_0 = \dfrac{U}{R}$。

图 3-15 分别画出了阻抗模 $|Z|$ 和电流 I 随频率变化时的曲线。

（2）由于电源电压与电路中电流同相（$\varphi=0$），电路对电源呈现电阻性。电源供给电路的能量全被电阻所消耗，电源与电路之间不发生能量互换。能量的互换只发生在电感线圈与电容器之间。

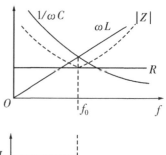

（3）串联谐振时，U_L 和 U_C 都高于电源电压 U，所以串联谐振也称电压谐振。通常用品质因数 Q 表示 U_C、U_L 与 U 的比值，即

$$Q=\frac{U_C}{U}=\frac{U_L}{U}=\frac{1}{\omega_0 CR}=\frac{\omega_0 L}{R} \quad (3.34)$$

它表示在谐振时电容与电感元件上的电压是电源电压的 Q 倍。

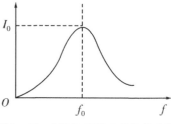

若 U_L 或 U_C 过高，可能会击穿线圈和电容器的绝缘材料，因此，在电力工程中一般应尽力避免发生串联谐振。但在无线电工程中，常利用串联谐振进行选频，并且抑制干扰信号。

图 3-15　$|Z|$ 与 I 随 f 变化的曲线

能力知识点 2　并联谐振

图 3-16 所示为电容器与线圈并联的电路。

电路的等效阻抗为

$$Z=\frac{\dfrac{1}{j\omega C}(R+j\omega L)}{\dfrac{1}{j\omega C}+(R+j\omega L)}=\frac{R+j\omega L}{1+j\omega RC-\omega^2 LC}$$

1. 并联谐振的条件

若如图 3-16 所示的电路发生谐振，则电压 u 和电流 i 同相，即电路的等效阻抗为实数。一般在谐振时 $\omega L \gg R$，故：

$$Z \approx \frac{j\omega L}{1+j\omega RC-\omega^2 LC}=\frac{1}{\dfrac{RC}{L}+j\left(\omega C-\dfrac{1}{\omega L}\right)} \quad (3.35)$$

发生谐振时，$\omega_0 C-\dfrac{1}{\omega_0 L}\approx 0$，由此得并联谐振频率：

$$\omega=\omega_0=\frac{1}{\sqrt{LC}} \quad \text{或} \quad f=f_0=\frac{1}{2\pi\sqrt{LC}}$$

与串联谐振频率近似相等。

2. 并联谐振的特征

（1）由式（3.35）可知，并联谐振时电路的阻抗模 $|Z_0|=\dfrac{1}{\dfrac{RC}{L}}=\dfrac{L}{RC}$，其值最大，在电源电压 U 不变的情况下，电路中的电流达到最小值，即 $I=I_0=\dfrac{U}{|Z_0|}=\dfrac{U}{\dfrac{L}{RC}}$。

图 3-17 为阻抗模 $|Z|$ 与电流 I 的谐振曲线。

(2)由于 u 和 i 同相($\varphi=0$),故电路呈纯电阻性。

谐振时并联支路的电流比总电流大许多倍,所以并联谐振又称电流谐振。通常用品质因数 Q 表示支路电流 I_1 或 I_C 与总电流 I_0 的比值,即:

$$Q = \frac{I_1}{I_0} = \frac{I_C}{I_0} = \frac{\omega_0 L}{R} = \frac{1}{\omega_0 CR}$$

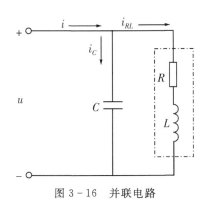

图 3-16　并联电路

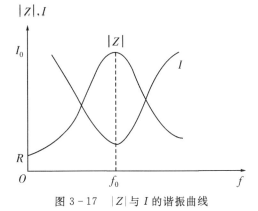

图 3-17　$|Z|$ 与 I 的谐振曲线

并联谐振在无线电工程和工业电子技术中也常用到,例如利用并联谐振时阻抗模高的特点进行选频或消除干扰。

本节思考题

1.什么是谐振现象? 串联电路的谐振条件是什么? 其谐振频率等于什么?

2.并联谐振电路的基本特征是什么? 为什么并联谐振也称电流谐振?

 本章小结

1.正弦交流电的概念及其三要素

正弦交流电是随时间按照正弦函数规律周期性变化的电压和电流,简称为正弦量或正弦信号。正弦电压、电流的瞬时值表达式为

$$u = U_m \sin(\omega t + \psi_u)$$
$$i = I_m \sin(\omega t + \psi_i)$$

正弦量三要素为振幅、角频率和初相角。

(1)振幅。U_m、I_m、E_m 分别表示正弦电压、正弦电流、正弦电动势的振幅;I、U、E 分别表示交流电流、交流电压、交流电动势的有效值。

有效值用大写字母表示,经数学推导有效值与最大值之间的关系为

正弦电流的有效值为　　　　　　　　$I = I_m/\sqrt{2}$

正弦电压的有效值为　　　　　　　　$U = U_m/\sqrt{2}$

(2)角频率。角频率表示单位时间正弦信号变化的弧度数,与频率、周期的关系

$$\omega = \frac{2\pi}{T} = 2\pi f$$

(3)初相角。ψ_u、ψ_i 称为初相角,其反映正弦量在计时起点(即 $t=0$)所处的状态。

2. 正弦交流电的向量表示

正弦量的向量表示即可以用幅值相量，也可以用有效值相量。对于正弦量 $u = U_m \sin(\omega t + \psi_u) = \sqrt{2}U \sin(\omega t + \psi_u)$、$i = I_m \sin(\omega t + \psi_i) = \sqrt{2}I \sin(\omega t + \psi_i)$ 可以分别表示为：

幅值相量 $\qquad\qquad \dot{U}_m = U_m \angle \psi_u \qquad\qquad \dot{I}_m = I_m \angle \psi_i$

有效值相量 $\qquad\qquad \dot{U} = U \angle \psi_u \qquad\qquad \dot{I} = I \angle \psi_i$

3. R、L、C 单一元件参数的交流电路的电压与电流间的关系

在电阻元件的交流电路中，电流和电压是同相的；电压的幅值（或有效值）与电流的幅值（或有效值）的比值，就是电阻 R；在电感元件交流电路中，u 比 i 超前 $\frac{\pi}{2}$；电压有效值等于电流有效值与感抗的乘积；在电容元件电路中，在相位上电流比电压超前 $\frac{\pi}{2}$，电压的幅值（或有效值）与电流的幅值（或有效值）的比值为容抗 X_C。

4. 感抗、容抗

感抗 $\qquad\qquad\qquad\qquad X_L = \dfrac{U_m}{I_m} = \dfrac{U}{I} = \omega L$

容抗 $\qquad\qquad\qquad\qquad X_C = \dfrac{U_m}{I_m} = \dfrac{U}{I} = \dfrac{1}{\omega C}$

5. 瞬时功率、有功功率、无功功率、视在功率及功率因数

(1) 瞬时功率。瞬时功率为电路任一时刻所吸收或释放的功率，用小写字母 p 表示；有功功率为电路的平均功率，对瞬时功率在一个周期内积分可得到正弦电路的有功功率

$$P = \frac{1}{T}\int_0^T p\,\mathrm{d}t = \frac{U_m I_m}{2}\cos\varphi = UI\cos\varphi$$

(2) 无功功率。无功功率用 Q 表示，即 $Q = UI\sin\varphi$，当 $Q > 0$ 时，表示电抗从电源吸收能量，并转化为电场能或电磁能储存起来；当 $Q < 0$ 时，表示电抗向电源发出能量，将储存的电场能或电磁能释放出来。

(3) 视在功率。视在功率为复功率的模，用 S 表示，它等于电压和电流有效值的的积，即

$$S = \sqrt{P^2 + Q^2} = UI$$

(4) 功率因数。

① 功率因数用 λ 表示，可以由视在功率和有功功率求出，即

$$\lambda = \frac{P}{S} = \frac{P}{\sqrt{P^2 + Q^2}} = \cos\varphi$$

② 提高功率因数的意义：充分发挥电源设备的能力，减少供电线路上的电能损失。

③ 提高功率因数的方法：在电感性负载上并联适当容量的电容器。

6. 串、并联谐振电路的谐振条件

串、并联谐振的产生条件

$$X_L = X_C \qquad 或 \qquad 2\pi fL = \frac{1}{2\pi fC}$$

本章习题

A 级

3.1　已知一正弦电流的有效值为 $I=5$ A,频率 $f=50$ Hz,初相位 $\psi=\dfrac{\pi}{3}$。试写出其瞬时值表达式,并画出波形图。

3.2　已知 $u=50\sin(\omega t+60°)$V 和 $i=20\sin(\omega t-30°)$A。试画出 u 和 i 的波形图和相量图,它们的相位差是多少?

3.3　已知 $i_1=5\sqrt{2}\sin(\omega t+30°)$A 和 $i_2=5\sqrt{2}\sin(\omega t-30°)$A。求
①$i=i_1+i_2$;②$i=i_1-i_2$。

3.4　220V、50Hz 的电压分别加在电阻、电感和电容负载上,此时它们的电阻值、感抗值和容抗值均为 22 Ω,试分别求出三个元件的电流。写出各电流的瞬时值表达式,并以电压为参考相量画出相量图。

3.5　电路如题图 3-1 所示,已知 $u=10\sin(\pi t-180°)$V,$R=4$ Ω,$\omega L=3$ Ω。试求电感元件上的电压 U_L。

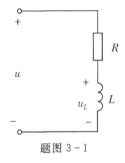

题图 3-1

B 级

3.6　日光灯电源的电压为 220 V,频率为 50 Hz,灯管相当于 300 Ω 的电阻,与灯管串联的镇流器相当于 500 Ω 感抗的电感,试求灯管两端的电压和工作电流,并画出相量图。

3.7　日光灯管与镇流器接到交流电源上,可以看成是 R、L 串联电路。若已知灯管的等效电阻 $R_1=280$ Ω,镇流器的电阻和电感分别为 $R_2=20$ Ω,$L=1.65$ H,电源电压 $U=220$ V。①试求电路中的电流。②计算灯管两端与镇流器上的电压,这两个电压加起来是否等于 220 V?

3.8　在题图 3-2 所示的 RLC 串联电路中,已知 $R=4$ Ω,$L=12.74$ mH,$C=455$ μF,电源电压 $u=220\sqrt{2}\sin314t$ V。
试求:(1)感抗 X_L、容抗 X_C、阻抗模 $|Z|$ 和阻抗角 φ。

(2)电流的有效值 I 和瞬时值 i。

(3)有功功率 P、无功功率 Q 和视在功率 S。

3.9　一个由 RLC 元件组成的无源二端网络,如题图 3-3 所示。已知它的输入端电压和电流分别为 $u=220\sqrt{2}\sin(314t+15°)$V,$i=5.5\sqrt{2}\sin(314t-38°)$A。试求:

(1)二端网络的串联等效电路;

(2)二端网络的功率因数;

(3)二端网络的有功功率和无功功率。

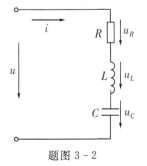

题图 3-2

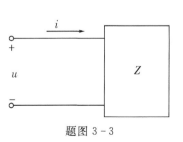

题图 3-3

3.10 某 RLC 串联电路，已知 $R=10\ \Omega$，$L=0.1\ H$，$C=10\ \mu F$。试通过计算说明：

(1)当 $f=50\ Hz$ 时，整个电路呈电感性还是电容性？

(2)当 $f=200\ Hz$ 时，整个电路呈电感性还是电容性？

(3)若使电路呈电阻性(谐振)，频率 f_0 应为多少？

3.11 有一电感性负载接在电压为 $U=220\ V$ 的工频电源上，吸取的功率 $P=10\ kW$，功率因数 $\cos\varphi_1=0.65$。

(1)若将功率因数提高到 $\cos\varphi=0.95$，求需要并联的电容值。

(2)计算功率因数提高前后电源输出的电流值。

3.12 某工频电源额定视在功率 $S_N=20\ kVA$，额定电压 $U_N=220\ V$，向有功功率 $P=16\ kW$、功率因数 $\cos\varphi_1=0.6$ 的负载供电。

(1)该电源是否过载运行？

(2)如果并联电容器将功率因数提高到 $\cos\varphi=0.95$，需要的电容值是多少？

(3)功率因数提高到 $\cos\varphi=0.95$ 以后，电源运行状态得到改善，是否还过载？

第4章

三相电路

 学习目标

1.知识目标

(1)了解三相交流电动势的产生。

(2)理解并掌握三相交流电源的星形连接。

(3)了解三相电源的三角形连接。

(4)理解并掌握三相负载的星形连接和三角形连接。

(5)理解三相电路功率。

2.能力目标

(1)能正确完成实际电路中三相负载作星形连接和三角形连接的电路。

(2)能正确进行三相电路的求值计算。

知识分布网络

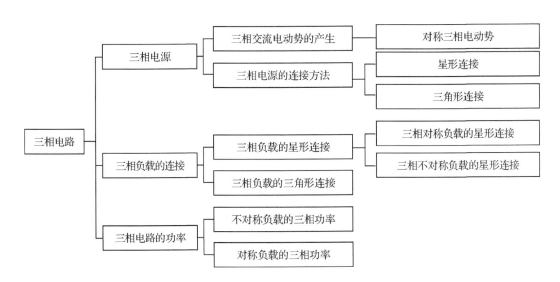

前面所介绍的正弦交流电路都是单相交流电路,其电路系统是由单一的正弦交流电源供电。

目前发电厂及供电系统都是采用三相交流电。在日常生活中所使用的交流电源,只是三相交流电其中的一相。三相交流电也称为动力电,电力工程上都采用三相制供电,是因为它具有如下优点:

(1)在输出功率相同、电压相同时可靠性高、体积小,经济性较好。

(2)在输送距离、输送功率和线路损失相等的情况下,三相交流输电线路比单相交流输电线路所用的材料少,节约有色金属,远距离输电比较经济。

(3)工程上广泛使用的三相交流电动机等电气设备要求三相制供电。

本章主要介绍三相交流电源的星形连接(Y形电源)与三角形连接(△形电源)、三相交流负载的星形连接(Y形负载)与三角形连接(△形负载)及三相电路中电压、电流和功率的分析等内容。

4.1 三相电源

能力知识点1 三相交流电动势的产生

1. 对称三相电动势

三相交流电源是由三个频率相同、幅度相同、相位上互差120°的正弦电压源所构成的。目前,我国以及全世界的交流供电系统中,都采用的是三相交流电。

三相交流电动势是由三相交流发电机产生的,图4-1为
一台三相发电机示意图,该发电机主要是由定子和转子两大部
分组成。发电机的转子绕组有 A-X、B-Y、C-Z 三个,每个
绕组称为一相,各绕组匝数相同,结构相同,在空间彼此相隔
120°。发电机转子以角速度 ω 逆时针方向转动切割磁力线时,
由于三个绕组的空间彼此相隔120°,这样第一相电动势达到最
大值,第二相需转过 120°后,电动势才能达到最大值,即第一相
电动势的相位超前第二相电动势的相位120°,同理第二相电动
势的相位超前第三相120°。三个相的电动势的幅值相同、频率
相同,相位互差120°。

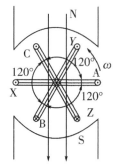

图 4-1 三相发电机原理示意图

设第一相初相位为0°,则三相瞬时电动势为:

$$\begin{cases} e_A = E_m\sin\omega t \\ e_B = E_m\sin(\omega t - 120°) \\ e_C = E_m\sin(\omega t + 120°) \end{cases} \quad (4.1)$$

这样的电动势称为对称三相电动势。其相量图和波形图见图4-2。

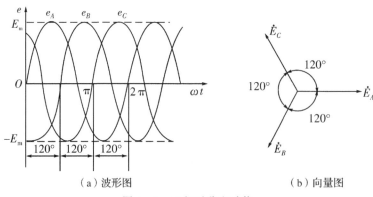

(a)波形图　　　　　　　　　(b)向量图

图 4-2 三相对称电动势

三个电动势达到最大值的先后顺序称为相序。如图4-2所示三相电动势为正相序,即 A

→B→C;反之,C→B→A 的相序称为逆序。在供电电路中,相序一旦确定,不可随意改动,因为工作在交流电路中的电机当相序改变后,旋转方向会与原来相反。由相量图可知,对称三相电动势相量和为零,即

$$\dot{E}_A + \dot{E}_B + \dot{E}_C = 0$$

由波形图可知,三相电动势对称时任一瞬间的代数和为零,即:

$$e_A + e_B + e_C = 0 \tag{4.2}$$

能力知识点 2 三相电源的连接方法

三相发电机的每一相都是独立的电源,均可单独给负载供电,但这样供电需要 6 根电源线。实际上将三相电源按一定方式连接之后,再向负载供电,通常采用星形(Y)连接和三角形(△)连接方式。

1.星形连接

将发电机三相绕组的末端 X、Y、Z 连接在一起,成为一个公共点,由三个首端 A,B,C 分别引出三条导线,这种连接方式称为星形(Y)连接,如图 4-3 所示。其中公共点称为中性点或零点,用 N 表示;从中性点引出的导线称为中性线或者零线。中性线通常和大地相连,此时又称为地线。从首端引出的三根导线称为相线,俗称火线,分别用 A、B、C 表示。这种具有中性线的供电方式称为三相四线制,如果没有中性线而只从三个首端引出三根导线的供电方式称为三相三线制。通常低压供电网都采用三相四线制。

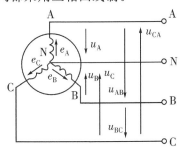

图 4-3 三相电源的星形连接

相线和中线之间的电压,叫相电压,其瞬时值用 u_A、u_B、u_C 表示,通用 u_P 表示。任意两相线之间的电压,叫线电压,瞬时值用 u_{AB}、u_{BC}、u_{CA} 表示,通用 u_L 表示。

即

$$u_{AB} = u_A - u_B$$
$$u_{BC} = u_B - u_C$$
$$u_{CA} = u_C - u_A$$

因此,作出线电压和相电压的相量图,如图 4-4 所示。$\dot{U}_A$、$-\dot{U}_B$、$\dot{U}_{AB}$ 构成等腰三角形,所以

$$\dot{U}_{AB} = 2\dot{U}_A \angle 30° \cos 30° = \sqrt{3}\dot{U}_A \angle 30°$$

$$\dot{U}_{BC} = \sqrt{3}\dot{U}_B \angle 30°$$

$$\dot{U}_{CA} = \sqrt{3}\dot{U}_C \angle 30°$$

由此看出,当发电机绕组作星形连接时,线电压的大小是相电压的 $\sqrt{3}$ 倍,其公式为

$$U_L=\sqrt{3}U_P \tag{4.3}$$

在相位上,线电压超前相应的相电压30°。

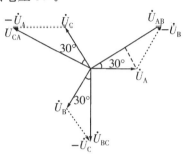

图 4-4　三相电源星形连接时线电压和相电压的相量图

📖 小知识

一般低压配电系统中,三相四线制电源的相电压为 220 V,线电压则为 380 V,习惯上写成 380/220。

2. 三角形连接

将发电机三相绕组的各相末端与相邻绕组的首端依次相连,X 与 B、Y 与 C、Z 与 A 相连,使三相绕组构成一个闭合的三角形,这种连接方式称为三角形(△)连接,如图 4-5 所示。

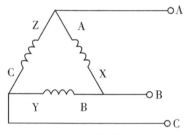

图 4-5　三角形连接方式

三角形连接只能引出三条相线向负载供电,由于不存在中性点,所以引不出零线。故三角形连接的供电方式只能向负载提供一种电压,即

$$U_L=U_P \tag{4.4}$$

▮ 本节思考题

1. 什么是对称三相电动势? 它是如何产生的?

2. 对称三相电源有哪两种连接方法? 它们有什么区别?

4.2　三相负载的连接

能力知识点 1　三相负载的星形连接

1. 三相对称负载的星形连接

所有的用电器都统称为负载,负载按照对电源的要求分单相和三相负载。单相负载是需要单相电源供电的设备,如照明用的白炽灯、电烙铁等。三相负载指同时需要三相电源供电的负载,如三相异步电动机、三相电热炉等。三相电路负载有星形连接和三角形连接两种方式。如图 4-6(a)所示是三相负载作星形连接时的电路图,三相交流电源(变压器输出或交流发电机输出)有三根火线接头 A、B、C,一根中性线接头 N。设三相负载的阻抗分别为 Z_A、Z_B 和 Z_C,各电流的参考方向如图 4-6(a)所示。这种四根线的星形接法称为三相四线制的电路。

对于对称三相负载的星形连接,即每一相的负载大小和性质完全相同,电路中通过每一相负载的电流称为相电流,分别用 i_a、i_b、i_c 表示,一般用 I_P 表示。通过每根相线的电流称为线电流,分别用 i_A、i_B、i_C 表示,一般用 I_L 表示,流过中性线的电流用 i_N 表示。

从图 4-6(a)中可知,三相负载星形连接的线电流等于相电流,即:

$$I_L = I_P \tag{4.5}$$

当给定电源线电压 U_L 时,由于加在各负载上的电压是相电压 U_P,所以当负载为对称负载时,各相电压与线电压的关系为:

$$U_L = \sqrt{3}U_P \tag{4.6}$$

当三相电路中的负载完全对称时,在任意一个瞬间,三个相电流中,任意一相电流与其余两相电流之和大小相等,方向相反,所以,通过中性线的电流等于零,即:

$$i_N = 0$$

在三相对称星形电路中,由于通过中性线的电流等于零,所以中性线可以去掉,三相四线制就可以变成三相三线制供电,如图 4-6(b)所示。通常在高压输电时,由于三相负载都是对称的三相变压器,所以都采用三相三线制供电。

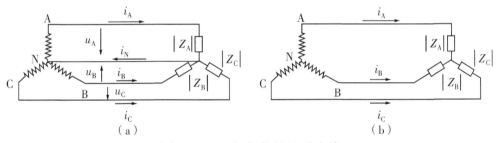

图 4-6 三相负载的星形连接

📖 小知识

通常在高压输电时,由于三相负载都是对称的三相变压器,所以都采用三相三线制供电。

【例 4-1】 有一台三相异步电动机的绕组星形连接,由线电压 U_1 为 380 V 的对称三相 50 Hz 交流电源供电,每相阻抗 $|Z| = 10\ \Omega$,求负载的相电压、相电流及线电流。

解 由于负载为星形连接

所以,线电压 $\qquad\qquad U_L = \sqrt{3}U_P$

相电压 $\qquad\qquad U_P = \dfrac{U_L}{\sqrt{3}} = \dfrac{380}{\sqrt{3}} \approx 220(\text{V})$

相电流 $\qquad\qquad I_P = \dfrac{U_P}{\sqrt{|Z|}} = \dfrac{220}{10} = 22(\text{A})$

线电流 $\qquad\qquad\qquad I_L = I_P = 22\ \text{A}$

 小技巧

计算负载对称的三相电路时,只需计算一相即可,其余两相可以推算出来。因为对称负载的电压、电流都是对称的,它们的大小相等、相位差为120°。

2.三相不对称负载的星形连接

工程实际使用中遇到的问题是由于许多单相负载大小和性质不同,接到三相电路中构成的三相负载不可能对称,在这种情况下中性线显得尤为重要。有了中性线,每相负载两端的电压总等于电源的相电压,不会因为负载的不对称而变化,就如同每一相电源单独对每一相的负载供电一样,各负载均能正常工作。

如图4-6(a)所示,在各相电压的作用下,便有电流分别通过各相线、负载和中性线回到电源。显然,在星形连接中,线电流等于相电流,即 $I_L = I_P$。

由于有中性线,在三相负载不对称的情况下,各相负载与电源独自构成回路,互不干扰。所以,各相电流的计算可按单相电路逐相进行,即

$$\begin{cases} \dot{I}_a = \dot{I}_A = \dfrac{\dot{U}_A}{Z_A} \\[2mm] \dot{I}_b = \dot{I}_B = \dfrac{\dot{U}_B}{Z_B} \\[2mm] \dot{I}_c = \dot{I}_C = \dfrac{\dot{U}_C}{Z_C} \end{cases} \qquad (4.7)$$

中性线电流可根据 KCL 的相量形式计算

$$\dot{I}_N = \dot{I}_a + \dot{I}_b + \dot{I}_c \qquad (4.8)$$

一般情况下,中性线电流总是小于线电流,而且各相负载越接近对称,中性线电流就越小。

而如果在负载不对称又没有中性线的情况下,就形成不对称负载的三相三线制供电。由于负载的大小和性质不同,相电流也不对称,负载相电压也不能对称。有的相电压可能超过负载的额定电压,造成负载的损坏;有的相电压可能低于额定值,造成负载不能正常工作。因此,为保证三相照明负载正常工作,三相照明负载必须是三相四线制,依靠中线来维持各相照明负载的相电压等于电源的相电压,使照明负载的三个相电压对称。

 小技巧

生产和生活照明需要的大量照明负载在接线时,必须比较均匀地分布在各相中,组成三相照明系统,而不能集中接在三相电源的一相上。

【例4-2】 在三相四线制220/380 V的照明线路中,A、B两相负载电阻均为6 Ω,电抗均为8 Ω,C相断路,A、B两相负载的额定电压均为220 V。如图4-7所示。

求:(1)有中线时各相电流。

(2)如果中线断开,将会发生什么情况?

解　(1)有中线时。两相负载阻抗模为：

$$|Z| = \sqrt{R^2 + X^2} = \sqrt{6^2 + 8^2} = 10(\Omega)$$

设 $\dot{U}_A = 220 \angle 0° \ \text{V}$，A、B 每相的相电流为：

$$\dot{I}_a = \dot{I}_A = \frac{220 \angle 0°}{10} = 22(\text{A})$$

$$\dot{I}_b = \dot{I}_B = \frac{220 \angle -120°}{10} = 22 \angle -120°(\text{A})$$

$$\dot{I}_C = 0$$

由于 $\dot{I}_N = \dot{I}_a + \dot{I}_b + \dot{I}_c$，作出相电流的相量图，如图 4-8 所示。

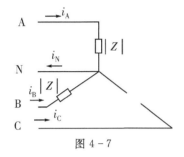

图 4-7

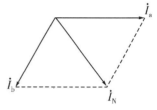

图 4-8　相电流的相量图

所以

$$\dot{I}_N = \dot{I}_a + \dot{I}_b + \dot{I}_c = 22 \angle -60°(\text{A})$$

(2)无中线时。从图 4-7 可以看出，A、B 两相负载相当于串联接于线电压 U_{AB} 之间，此时两相负载上的电压为：

$$U_a = U_b = 380 \times \frac{10}{10 + 10} = 190(\text{V})$$

上例说明，不对称的三相负载接成星形，如果有中线，无论负载有无变动，每相负载都承受对称的电源相电压；如果无中线，将会出现 A、B 两相负载上的电压均低于它们的额定电压，致使负载不能正常工作，严重时会损毁设备。因此，三相照明负载不能没有中线，必须采用三相四线制电源。

　小知识

为了保证不对称负载的正常工作，供电规程中规定，在电源干线的中线上，不准安装开关与熔断器。

🔘　**小技巧**

负载星形接法时的一般计算方法是，当一般线电压 为已知，然后根据电压和负载求电流，即

$$u_L \rightarrow u_P \rightarrow i_L = i_P = \frac{u_P}{Z}$$

如果负载对称,只需计算一相;如果负载不对称,各相负载单独计算。

能力知识点2 三相负载的三角形连接

将三相负载分别接在三相电源的两根相线之间,称为三相负载的三角形(△)连接。连接的电路如图4-9所示。当用电设备的额定电压为电源线电压时,负载电路应按三角形连接。

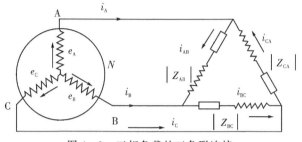

图4-9 三相负载的三角形连接

从图4-9中可以看出:①三相负载的线电压就是电源的线电压;②三相负载的线电压也就是三相负载的相电压。因为电源线电源是对称的,所以不论负载对称与否,各相负载承受的线电压和相电压总是对称的,具有以下关系:

$$U_P = U_L \tag{4.9}$$

对于对称负载,其三个相电流也是对称的,即

$$\begin{cases} \dot{I}_{AB} = \dfrac{\dot{U}_{AB}}{Z_{AB}} \\[2mm] \dot{I}_{BC} = \dfrac{\dot{U}_{BC}}{Z_{BC}} = \dfrac{\dot{U}_{AB}\angle-120°}{Z_{AB}} = \dot{I}_{AB}\angle-120° \\[2mm] \dot{I}_{CA} = \dfrac{\dot{U}_{CA}}{Z_{CA}} = \dfrac{\dot{U}_{AB}\angle120°}{Z_{AB}} = \dot{I}_{AB}\angle120° \end{cases} \tag{4.10}$$

同时,各相电压与各相电流的相位差也相同。即三相电流的相位差也互为120°。由KCL可知

$$\dot{I}_A = \dot{I}_{AB} - \dot{I}_{CA} \quad \dot{I}_B = \dot{I}_{BC} - \dot{I}_{AB} \quad \dot{I}_C = \dot{I}_{CA} - \dot{I}_{BC} \tag{4.11}$$

作出线电流和相电流的相量,如图4-10所示。

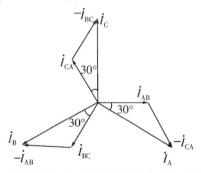

图4-10 对称负载三角形连接时线电流和相电流的相量图

从图 4-10 中看出,三个线电流在相位上比各相电流滞后 30°。由于相电流对称,所以线电流也对称,各线电流之间相差 120°,即

$$\dot{I}_A = \sqrt{3}\dot{I}_{AB}\angle -30° \quad \dot{I}_B = \sqrt{3}\dot{I}_{BC}\angle -30° \quad \dot{I}_C = \sqrt{3}\dot{I}_{CA}\angle -30°$$

由此可见,对称三相负载呈三角形连接时,线电流的有效值为对应相电流有效值的 $\sqrt{3}$ 倍,线电流在相位上滞后于对应相电流 30°,即

$$I_L = \sqrt{3}I_P \tag{4.12}$$

【例 4-3】 有一台三相异步电动机,已知定子每相绕组的额定电压为 380 V,等效复阻抗为 $Z = (20\sqrt{2}+j20\sqrt{2})\Omega$,电源的线电压为 380 V,电动机的电子绕组应作如何连接?求电动机额定运行时的相电流以及线电流。

解 要使电动机正常工作,必须保证其每相绕组的电压为 380 V,因此,只有采取三角形连接,才能满足其额定电压。

设 A 相绕组上的电压 $\dot{U}_{AB} = 380\angle 0°$ V,则 $\dot{U}_{AB} = 380\angle -120°$ V,$\dot{U}_{AB} = 380\angle 120°$ V

因为 $Z = (20\sqrt{2}+j20\sqrt{2})\Omega = 40\angle 45°\Omega$,则每相绕组中的电流为

$$\dot{I}_{AB} = \frac{\dot{U}_{AB}}{Z_{AB}} = \frac{380\angle 0°}{40\angle 45°} = 9.5\angle -45°(A)$$

$$\dot{I}_{BC} = \dot{I}_{AB}\angle -120° = 9.5\angle -165°(A)$$

$$\dot{I}_{CA} = \dot{I}_{AB}\angle 120° = 9.5\angle 75°(A)$$

各线电流为:

$$\dot{I}_A = \sqrt{3}\dot{I}_{AB}\angle -30° = 16.5\angle -75°(A)$$

$$\dot{I}_B = \dot{I}_A\angle -120° = 16.5\angle -195°(A)$$

$$\dot{I}_C = \dot{I}_A\angle 120° = 16.5\angle 45°(A)$$

 小技巧

三相负载接成星形还是三角形,取决于电源电压和负载的额定相电压这两个方面。当负载的额定相电压等于电源线电压时,应采用三角形连接,当负载的额定相电压等于电源线电压的 倍时,应采用星形连接。

例如,若电源的线电压是 380 V,某三相异步电动机的额定相电压也为 380 V,那么这台电动机的三相绕组就应该接成三角形。而如果这台电动机的额定相电压为 220 V,那么电动机的三相绕组就应该接成星形了,否则,若此时误接成三角形,加在每相绕组上的电压为 380 V,电动机将被烧毁。

本节思考题

1. 三相负载对称的含义是什么?

2. 三相对称负载星形连接时,其线电压和相电压、线电流和相电流在数值上各有什么

关系？

3. 三相对称负载三角形连接时，其线电压和相电压、线电流和相电流在数值上各有什么关系？

4. 三相负载在什么情况下接成星形连？什么情况下接成三角形？试举例说明。

5. 为什么三相照明负载必须用三相四相制电源，而三相电动机负载却可以用三相三线制电源？

6. 三相负载作星形连接时，中线是否可以去掉？请说明原因？

4.3 三相电路的功率

能力知识点 1 不对称负载的三相功率

对于三相不对称负载的星形连接，如图 4-6(a)图所示，将每一相负载分别用 Z_A、Z_B、Z_C 复阻抗表示，若忽略线路上的压降，各相负载两端的电压 $\dot{U}_a$、$\dot{U}_b$、$\dot{U}_c$，分别等于电源的相电压 $\dot{U}_A$、$\dot{U}_B$、$\dot{U}_C$。由于有中性线，在三相负载不对称的情况下，各相负载与电源独自构成回路，互不干扰。所以，各相电流的计算可按单相电路逐相进行，这里不再一一列举。

各相负载的有功功率分别为

$$\begin{cases} P_a = U_a I_a \cos\varphi_a \\ P_b = U_b I_b \cos\varphi_b \\ P_c = U_c I_c \cos\varphi_c \end{cases}$$

式中，φ_a、φ_b、φ_c 为各相负载的电压与对应电流的相位差。功率因数可由下列公式求得：

$$\cos\varphi_a = \frac{R_A}{|Z_A|} \quad \cos\varphi_b = \frac{R_B}{|Z_B|} \quad \cos\varphi_c = \frac{R_C}{|Z_C|} \tag{4.13}$$

而三相总有功功率为：

$$P_Y = P_a + P_b + P_c \tag{4.14}$$

因此，不对称三相负载作星形连接时，各相功率应分别计算，三相总有功功率等于各相有功功率之和。

各相无功功率和视在功率与单相电路的计算完全相同，各相负载的无功功率分别为：

$$\begin{cases} Q_a = U_a I_a \sin\varphi_a \\ Q_b = U_b I_b \sin\varphi_b \\ Q_c = U_c I_c \sin\varphi_c \end{cases}$$

总无功功率为：

$$Q_Y = Q_a + Q_b + Q_c \tag{4.15}$$

各相负载的视在功率分别为

$$\begin{cases} S_a = \sqrt{P_a^2 + Q_a^2} \\ S_b = \sqrt{P_b^2 + Q_b^2} \\ S_c = \sqrt{P_c^2 + Q_c^2} \end{cases} \tag{4.16}$$

总视在功率为 $$S_Y = \sqrt{P_Y^2 + Q_Y^2} \tag{4.17}$$

对于三相负载的三角形连接，如图 4-9 中，如果 $Z_{AB} \neq Z_{BC} \neq Z_{CA}$，即三相负载不对称，各相负载的电流可按单相电路分别计算，即：

$$
\begin{cases}
\dot{I}_{AB} = \dfrac{\dot{U}_{AB}}{Z_{AB}} \\[2mm]
\dot{I}_{BC} = \dfrac{\dot{U}_{BC}}{Z_{BC}} \\[2mm]
\dot{I}_{CA} = \dfrac{\dot{U}_{CA}}{Z_{CA}}
\end{cases}
$$

各相有功功率 P_P 和无功功率 Q_P 应按以下公式逐相计算：

$$
\begin{cases}
P_P = U_P I_P \cos\varphi_P \\
Q_P = U_P I_P \sin\varphi_P
\end{cases}
$$

三相总有功功率 P 和三相总无功功率 Q 分别为各相之和，即

$$
\begin{cases}
P_\Delta = P_{ab} + P_{bc} + P_{ca} \\
Q_\Delta = Q_{ab} + Q_{bc} + Q_{ca}
\end{cases}
\tag{4.18}
$$

三相总视在功率为：

$$S_\Delta = \sqrt{P_\Delta^2 + Q_\Delta^2} \tag{4.19}$$

能力知识点 2　对称负载的三相功率

对于三相对称负载的星形连接，如图 4-6(b)所示，由于三相负载对称，即 $Z_A = Z_B = Z_C$，所以每相负载消耗的功率均相等，因此，三相对称负载消耗的总功率为其一相的 3 倍，即：

$$P_Y = 3P_a = 3U_a I_a \cos\varphi_a$$

若已知线电压 U_L、线电流 I_L，则总有功功率 P_Y、总无功功率 Q_Y 和总视在功率 S_Y 计算如下：

$$
\begin{cases}
P_Y = 3\dfrac{U_L}{\sqrt{3}} \cdot I_L \cos\varphi_P = \sqrt{3}U_L I_L \cos\varphi_P \\[2mm]
Q_Y = \sqrt{3}U_L I_L \sin\varphi_P \\[2mm]
S_Y = \sqrt{3}U_L I_L
\end{cases}
\tag{4.20}
$$

各相功率因数为：

$$\cos\varphi_a = \cos\varphi_b = \cos\varphi_c = \cos\varphi_P = \frac{R_A}{|Z_A|}$$

对于对称负载的三角形连接，如图 4-9 所示，由于三相负载对称，即 $Z_{AB} = Z_{BC} = Z_{CA}$，所以其自电源取用的总功率为每一相的 3 倍，即：

$$P_\Delta = 3P_P = 3U_P I_P \cos\varphi_P$$

若已知线电压、线电流，则总有功功率 P_Δ、总无功功率 Q_Δ 和总视在功率 S_Δ 计算如下：

$$
\begin{cases}
P_\Delta = 3U_L \cdot \dfrac{I_L}{\sqrt{3}} \cos\varphi_P = \sqrt{3}U_L I_L \cos\varphi_P \\[2mm]
Q_\Delta = \sqrt{3}U_L I_L \sin\varphi_P \\[2mm]
S_\Delta = \sqrt{3}U_L I_L
\end{cases}
$$

各相功率因数为：

$$\cos\varphi_{ab} = \cos\varphi_{bc} = \cos\varphi_{ca} = \cos\varphi_P = \frac{R_{AB}}{|Z_{AB}|}$$

【例 4 - 4】 有一对称三相负载，每相电阻为 6 Ω，电抗为 8 Ω，电源线电压为 380 V，试计算负载星形连接和三角形连接的有功功率。

解 每相负载的阻抗模为 $|Z| = \sqrt{R^2 + X^2} = \sqrt{6^2 + 8^2} = 10(\Omega)$

星形连接时

$$U_{YP} = \frac{U_L}{\sqrt{3}} = \frac{380}{\sqrt{3}} = 220(V)$$

$$I_{YL} = I_{YP} = \frac{U_{YP}}{|Z|} = \frac{220}{10} = 22(A)$$

$$\cos\varphi_P = \frac{R}{|Z|} = \frac{6}{10} = 0.6$$

则有功功率为

$$P_Y = \sqrt{3}U_L I_L \cos\varphi_P = \sqrt{3} \times 380 \times 22 \times 0.6 \approx 8687.7(W)$$

三角形连接时

$$U_{\Delta P} = U_{\Delta L} = 380V$$

$$I_{\Delta P} = \frac{U_{\Delta P}}{|Z|} = \frac{380}{10} = 38(A)$$

$$I_{\Delta L} = \sqrt{3}I_{\Delta P} \approx 65.8(A)$$

负载功率因数不变，所以：

$$P_{\Delta} = \sqrt{3}U_L I_L \cos\varphi_P = \sqrt{3} \times 380 \times 65.8 \times 0.6 \approx 25984.2(W)$$

可见，在相同线电压下，负载作三角形连接的有功功率是星形连接有功功率的 3 倍。对于无功功率和视在功率有同样的结论。

本节思考题

1. 三相对称负载接入同一三相对称电源中，负载作三角形连接时的有功功率为作星形连接有功功率的几倍？

2. 有三个电阻 $R = 100\ \Omega$，接到线电压为 380 V 的对称三相电源上，将它们作三角形连接时的有功功率是多少？

 本章小结

本章讲述的是三相电路连接及分析计算，其主要内容归纳为以下几个方面。

(1)三相电源有星形和三角形两种连接方式。星形连接时，可采用三相四线制供电，其特点是：可提供负载两种电压，即线电压和相电压，且线电压的有效值是相电压有效值的 $\sqrt{3}$ 倍，即

$$U_L = \sqrt{3}U_P$$

在相位上，线电压超前对应相电压 30°。绕组采用三角形连接时仅能提供负载一种电压，即

$$U_L = U_P$$

(2)三相负载也有星形和三角形两种连接方式。采用哪一种连接方法，应根据负载的额

电压与电源电压的大小而定。当负载的额定相电压等于电源线电压时,应采用三角形连接,当负载的额定相电压等于电源线电压的 $1/\sqrt{3}$ 倍时,应采用星形连接。无论采用哪一种连接方法,都须保证负载所承受的是其额定电压。

(3)三相对称负载接成星形,线电压、相电压是对称的,且 $U_L=\sqrt{3}U_P$,因此相电流、线电流也是对称的。如假设 $\dot{U}_a=U_a\angle 0°$,则各线电流和相电流为

$$\dot{I}_A=\dot{I}_a=\frac{\dot{U}_a}{Z_a} \quad \dot{I}_B=\dot{I}_b=\dot{I}_a\angle -120° \quad \dot{I}_C=\dot{I}_c=\dot{I}_a\angle 120°$$

三相不对称负载接成星形,必须有中线,各相电流、功率的计算可按照单相电路进行。

三相负载作星形连接,无论负载对称与否,相电流的有效值总等于对应线电流的有效值,即

$$I_L=I_P$$

计算对称负载星形连接的电路时,常用到以下关系式

$$\begin{cases} I_L=I_P \\ U_L=\sqrt{3}U_P \end{cases}$$

(4)三相对称负载接成三角形时,则

$$U_L=U_P \quad I_L=\sqrt{3}I_P$$

在相位上,线电流滞后对应相电流30°。

三相不对称负载接成三角形时,$I_L\neq\sqrt{3}I_P$,而各相电流及功率按照单相电路分别进行计算,线电流根据 KCL 定律分别进行计算。

(5)三相功率的计算。如果三相负载对称,无论接成星形还是三角形,其有功功率、无功功率以及视在功率都按照以下公式进行计算:

$$P=3U_PI_P\cos\varphi_P=\sqrt{3}U_LI_L\cos\varphi_p$$
$$Q=3U_PI_P\sin\varphi_P=\sqrt{3}U_LI_L\sin\varphi_p$$
$$S=\sqrt{P^2+Q^2}=\sqrt{3}U_LI_L$$

本章习题

A 级

4.1 已知三相电源的相序为顺序,若 A 相的电压为 $u_A=U_m\sin(\omega t+30°)\text{V}$,试写出 B 相和 C 相电压的瞬时值和相量值表达式,并画出相量图。

4.2 有一个星形连接的三相交流电源,若 $\dot{U}_{AB}=380\angle 30°\text{ V}$,试写出 $\dot{U}_A$、$\dot{U}_B$、$\dot{U}_C$ 和 $\dot{U}_{BC}$、$\dot{U}_{CA}$ 的相量表达式。

4.3 有一台三相异步电动机的绕组星形联结,由线电压 U_1 为 380 V 的对称三相 50 Hz 交流电源供电,若电动机在额定功率运行时,每相的电阻 $R=8\ \Omega$,感抗 $X_L=6\ \Omega$。试求相电压、相电流以及线电流。

4.4 如果将上题的负载连成三角形接于线电压 $U_L=220\text{ V}$ 的三相电源上,试求相电压、相电流以及线电流,并把所得计算结果同上题加以比较。

4.5 星形连接有中线的负载,接于线电压为 380 V 的三相电源上,各相负载为 $Z_A=Z_B=$

$Z_C = 20\ \Omega$，试求各相电流以及中线电流。

B 级

4.6　线电压为 380 V 的三相四线制电路中，负载为星形连接，每相负载阻抗为 $Z=(4+\text{j}3)\Omega$，求相电流、线电流和中线电流。

4.7　把功率为 2.2 kW 的三相异步电动机接到线电压为 380 V 的电源上，其功率因数为 0.8，求此时的线电流为多少？若负载为星形连接，各相电流为多少？若负载为三角形连接，各相电流为多少？

4.8　对称三相感性负载作三角形连接，接到线电压为 380 V 的三相电源上，总功率为 4.5 kW，功率因数为 0.8，求每相的阻抗。

4.9　三相对称负载，每相负载阻抗为 $Z=(6+\text{j}8)\Omega$，接到线电压为 380 V 的三相电源上，分别计算三相负载接成星形以及三角形时的总功率。

4.10　在一三相对称负载中，各相电阻均为 10 Ω，负载的额定电压为 220 V，现将负载接成星形连接到线电压为 380 V 的三相电源上，求相电流、线电流以及有功功率。

4.11　若把上题中的负载接成三角形连接到同一电源上，求相电流、线电流以及有功功率，并把计算结果同上题加以比较，说明错误接法所造成的后果，从而得出必要的结论。

第5章
变压器

 学习目标

1.知识目标

(1)了解磁路的基本物理量。

(2)理解变压器的结构、工作原理。

(3)掌握变压器的电压关系、电流关系和阻抗关系。

(4)理解变压器绕组的极性。

(5)理解特殊变压器的工作原理及应用。

2.能力目标

(1)能利用变压器的变压、变流和变阻抗原理解决实际问题。

(2)能正确判别变压器绕组的极性和连接绕组。

知识分布网络

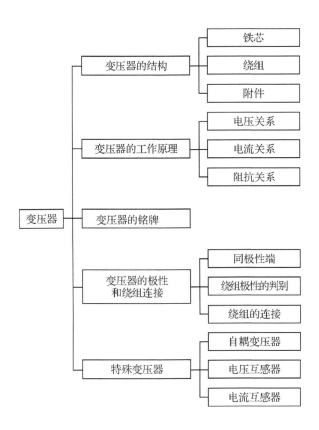

变压器是电力系统的重要设备。它是根据电磁感应原理制成的一种静止电器,用来把某一数值的交变电压或电流变换为同频率的另一数值的交变电压或电流,实现电能的经济传输与灵活分配;也可用来变换阻抗、传输信号;还可用来调节电压、测试电量等。

在电力系统输电过程中,当输送功率和负载功率因数一定时,若输送电压越高,则线路电流越小。这样,可以减少输电导线的截面积,从而节省有色金属材料,而且还能减少线路上的功率损耗和电压损失。由此可见,远距离输电采用高电压是经济的。因此,发电厂向远方用电地区输送电能时,通过变压器将电压升高,进行高压输电(例如 220 kV、500 kV 等)。到了用电地区,再用变压器将电压降低到 10 kV、380 V、220 V 或 36 V,以供用电设备使用。

5.1 变压器的结构

变压器主要由铁芯、绕组和附件组成。铁芯和绕组是变压器的主体。

1.铁芯

铁芯是变压器的主体,分为铁芯柱和磁轭两部分,如图 5-1 所示。其中铁芯柱构成主磁路,磁轭使磁路形成闭合回路。为了减少铁芯内部和涡流损耗和磁滞损耗,铁芯多采用厚度为 0.35~0.5 mm 的硅钢片叠压而成。

常用小型变压器的铁芯形状有 E 字形、口字形、C 字形、日字形等冲片,如图 5-2 所示。为了提高导磁性能,装配时通常要求交替叠装。

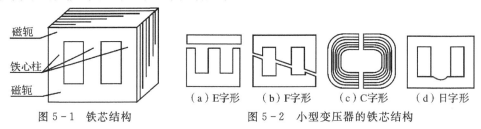

图 5-1　铁芯结构　　　　　图 5-2　小型变压器的铁芯结构

（a）E字形　　（b）F字形　　（c）C字形　　（d）日字形

按绕组与铁芯的安装位置,变压器的铁芯结构可分为芯式和壳式两种。芯式变压器的绕组套在各铁芯柱上,如图 5-3(a)所示。壳式变压器的绕组则只套在中间的铁芯柱上,绕组两侧被外侧铁芯柱包围,如图 5-3(b)所示。芯式变压器绕组包围铁芯,散热性能较好,所以三相电力变压器多采用芯式,壳式变压器铁芯包围绕组,多用于小容量单相变压器。

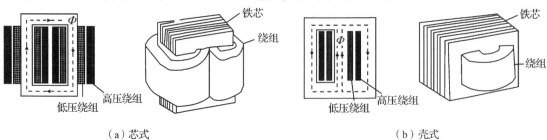

（a）芯式　　　　　　　　　　　　　（b）壳式

图 5-3　变压器的铁芯

2.绕组

绕组是变压器的电路部分,一般用绝缘漆包圆铜线绕制而成,容量较大的变压器采用扁绝缘铜线或铝线绕制而成。接交流电源的绕组称为原绕组(一次绕组或初级绕组);接负载的绕组,称为副绕组(二次绕组或次级绕组)。与高压电网连接的绕组又称高压绕组,与低压电网或负载连接的绕组又称低压绕组。绕组的作用是在通过交变电流时,产生交变磁通和感应电动势。通过电磁感应作用,原绕组的电能就可以传到副绕组。

图5-4(a)所示为单相变压器的基本结构。左右两套绕组分别套在口字形铁芯的两个芯柱上。高压绕组1在外层,低压绕组2在里层。两个高压绕组和两个低压绕组根据需要可以分别串联或并联使用。

图5-4(b)所示为三相变压器的基本结构。A、B、C三相的高压绕组1和低压绕组2分别套在日字铁芯的三个芯柱A、B、C上。三个高压绕组和三个低压绕组根据需要可以分别连接成星形或三角形。

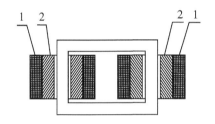 

（a）单相变压器的绕组

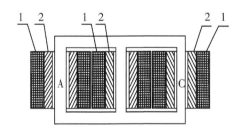 

（b）三相变压器的绕组

图5-4 变压器的绕组

1—高压绕组 2—低压绕组

3.附件

变压器运行时自身损耗转化为热量使绕组和铁芯发热,温度过高会损伤或烧坏绝缘材料,因此变压器运行需要有冷却装置。绝缘套管是为固定引出线并使之与油箱绝缘。绝缘套管一般是瓷质的,其结构主要取决于电压等级。此外,变压器还装有瓦斯继电器、防爆管、分接开关、放油阀等附件。

如图5-5所示为油浸式电力变压器的外观结构。

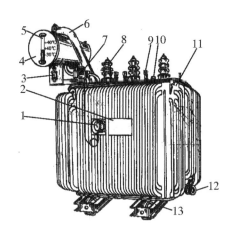

图 5-5　油浸式电力变压器

1—信号式温度计；2—铭牌；3—吸湿器；4—储油柜；5—油表；6—安全气道；7—气体继电器；

8—高压套管；9—低压套管；10—分接开关；11—油箱；12—放油阀；13—小车

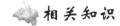 相关知识

1. 变压器分类

变压器按用途分为：电力变压器、试验用变压器、仪器用变压器、特殊用途变压器。

变压器按相数分为：单相和三相两种。建筑用电一般采用三相电力变压器。

变压器按其冷却方式分为：油浸式变压器（油浸自冷式、油浸风冷式和强迫油循环等）、干式变压器、充气式变压器、蒸发冷却变压器。

变压器按其绕组材质分为：铜绕组和铝绕组两种。

变压器按绕组形式分为：自耦变压器、双绕组变压器、三绕组变压器。

2. 变压器的符号

变压器的常用符号见图 5-6。

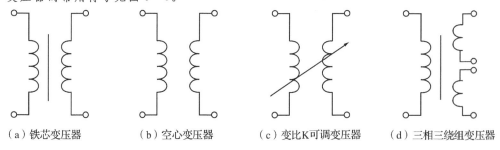

（a）铁芯变压器　　　　（b）空心变压器　　　　（c）变比K可调变压器　　　　（d）三相三绕组变压器

图 5-6　变压器的符号

3. 磁场的基本物理量

（1）磁感应强度 B。磁场中垂直于磁场方向的通电直导线，所受的磁场力 F 与电流 I 和导线长度 L 的乘积的比值称为通电直导线所在处的磁感应强度 B。即磁感应强度是描述磁场内某处的磁场强弱和方向的物理量。$B = F/IL$，$F = BIL$。

磁感应强度是一个矢量，它的方向即为该点的磁场方向。在国际单位制中，磁感应强度的

单位是特斯拉(T)。

用磁感线可形象的描述磁感应强度 B 的大小,B 较大的地方,磁场较强,磁感线较密;B 较小的地方,磁场较弱,磁感线较稀;磁感线的切线方向即为该点磁感应强度 B 的方向。匀强磁场中各点的磁感应强度大小和方向均相同。

(2)磁通 Φ。在磁感应强度为 B 的匀强磁场中取一个与磁场方向垂直、面积为 S 的平面,则 B 与 S 的乘积,称为穿过这个平面的磁通量 Φ,简称磁通。磁通的国际单位是韦伯(Wb)。

$$\Phi = BS$$

由磁通的定义式,可得

$$B = \Phi/S \qquad (5.1)$$

即:磁感应强度 B 可看做是通过单位面积的磁通,因此磁感应强度 B 也常称为磁通密度,单位为 Wb/m^2。

(3)磁场强度 H。在各向同性的媒介质中,某点的磁感应强度 B 与磁导率 μ 之比称为该点的磁场强度,记做 H。即

$$H = B/\mu \qquad (5.2)$$

磁场强度 H 也是矢量,其方向与磁感应强度 B 同向,国际单位是安培/米(A/m)。

必须注意:磁场中各点的磁场强度 H 的大小只与产生磁场的电流 I 的大小和导体的形状有关,与磁介质的性质无关。

(4)磁导率 μ。在磁场中各点的磁感应强度 B 的大小不仅与产生磁场的电流和导体有关,还与磁场内媒介质(磁介质)的导磁性质有关。在磁场中放入磁介质时,介质的磁感应强度 B 将发生变化,磁介质对磁场的影响程度取决于它本身的导磁性能。

物质导磁性能的强弱用磁导率 μ 来表示,单位是亨利/米(H/m)。不同物质的磁导率不同。在相同的条件下,μ 值越大,磁感应强度 B 越大,磁场越强;μ 值越小,磁感应强度 B 越小,磁场越弱。真空的磁导率 $\mu_0 = 4\pi \times 10^{-7}$ H/m。

4. 磁路

在电机、变压器及各种铁磁元件中常用磁性材料做成一定形状的铁芯,把线圈绕在铁芯上。铁芯的磁导率比周围空气或其他物质的磁导率高得多,因此,当线圈通电后会产生很强的磁场,大部分磁通(磁力线)集中在铁芯中形成闭合回路。磁通的闭合回路称为磁路。图5-7所示的磁路,便是由铁芯、空气隙组成。

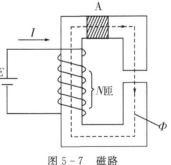

图 5-7 磁路

5. 磁动势

要在磁路中建立一定大小的磁通 Φ,就必须在匝数为 N 的线圈中通入一定大小的电流 I。实验证明,增大电流 I 或增大线圈匝数 N,都可以增大磁通 Φ。我们把乘积线圈匝数和电流乘积(NI)称为磁路的磁动势,简称磁势,单位是安(A)。

6. 三相变压器的结构

三相变压器比总容量相等的三个单相变压器省料、省工、造价低、所占空间小,故电力变压器一般都用三相变压器。三相变压器绕组结构如图5-8所示,高压绕组:A—X,B—Y,C—Z;低压绕组:a—x,b—y,c—z。

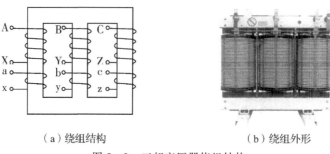

（a）绕组结构　　　　　　　　　（b）绕组外形

图 5-8　三相变压器绕组结构

本节思考题

1. 变压器有什么用途？
2. 电力系统输电过程中为什么采用高压输电？
3. 芯式变压器和壳式变压器在结构上有什么区别？
4. 在图 5-4 中，为什么低压绕组在里而高压绕组在外？
5. 变压器的铁芯用什么材料制成的？铁芯有什么作用？

5.2　变压器的工作原理

本节以单相变压器为例来说明变压器的工作原理。图 5-9 为变压器的空载运行电路图。为了便于分析，我们把高压绕组和低压绕组分别画在铁芯的两边。当变压器的原绕组施加上交变电压产 U_1 时，便在原绕组中产生一交变电流 I_1，这个电流在铁芯中产生交变主磁通 Φ，因为原、副绕组共同绕在一个铁芯上，所以当磁通 Φ 穿过副绕组时，便在变压器副边感应出电势 E_2。根据电磁感应定律，感应电势的大小是和磁通通过的匝数及磁通变化率成正比的。

能力知识点 1　电压关系

1. 空载运行

当变压器的一次绕组加上交流电压 u_1 时，一次绕组内便有一个交变电流 i_0（即空载电流）流过，并建立交变磁场。又由于二次侧绕组呈开路状态，则二次电流为零。此时，变压器处于空载状态。如图 5-9 所示。

根据电磁感应原理，分别在原、副绕组产生电动势 e_1、$e_{\sigma1}$ 和 e_2。

$$e_1 = -N_1 \frac{\mathrm{d}\Phi}{\mathrm{d}t} \tag{5.3}$$

$$e_2 = -N_2 \frac{\mathrm{d}\Phi}{\mathrm{d}t} \tag{5.4}$$

$$e_{\sigma1} = -N_1 \frac{\mathrm{d}\Phi_{\sigma1}}{\mathrm{d}t} \tag{5.5}$$

设主磁通按正弦规律变化 $\Phi = \Phi_m \sin\omega t$

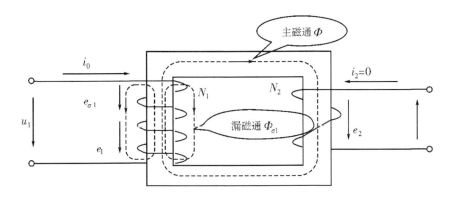

原绕组匝数为 N_1,电压 u_1,电流 i_1,主磁电动势 e_1,漏磁电动势 $e_{\sigma 1}$;

副绕组匝数为 N_2,电压 u_2,电流 i_2,主磁电动势 e_2,漏磁电动势 $e_{\sigma 2}$

图 5-9 变压器的空载运行状态

则
$$e_1 = -N_1 \frac{\mathrm{d}\Phi}{\mathrm{d}t} = -N_1 \frac{\mathrm{d}}{\mathrm{d}t}(\Phi_{\mathrm{m}} \sin\omega t) = -N_1 \omega \Phi_{\mathrm{m}} \cos\omega t$$

$$= -N_1 \omega \Phi_{\mathrm{m}} \sin(\omega t - 90°) = E_{1\mathrm{m}} \sin(\omega t - 90°)$$

e_1 的有效值
$$E_1 = \frac{E_{1\mathrm{m}}}{\sqrt{2}} = \frac{2\pi f N_1 \Phi_{\mathrm{m}}}{\sqrt{2}} = 4.44 f N_1 \Phi_{\mathrm{m}} \tag{5.6}$$

同理,e_2 的有效值
$$E_2 = 4.44 f N_2 \Phi_{\mathrm{m}} \tag{5.7}$$

当电流流过原绕组电阻 R_1 时会产生电压降 $i_0 R_1$。根据基尔霍夫电压定律,按上图所示电压、电流和电动势的正方向,可写出原绕组的回路电压方程式为
$$u_1 + e_1 + e_{\sigma 1} = i_0 R_1$$

即
$$u_1 = i_0 R_1 - e_1 - e_{\sigma 1} \tag{5.8}$$

由于漏磁 $\Phi_{\sigma 1}$ 很小,它产生的漏磁感应电动势 $e_{\sigma 1}$ 也很小,且空载电流 i_0 和原绕组电阻 R_1 都很小,那么,$i_0 R_1 + (-e_{\sigma 1})$ 也很小,可以忽略不计。

于是,
$$u_1 \approx -e_1$$

由于副绕组开路,副绕组空载电压
$$u_{20} = E_2$$

所以,原、副绕组电压之比为
$$\frac{U_1}{U_{20}} \approx \frac{E_1}{E_2} = \frac{4.44 f N_1 \Phi_{\mathrm{m}}}{4.44 f N_2 \Phi_{\mathrm{m}}} = \frac{N_1}{N_2} = K \tag{5.9}$$

式中 K 称为变压器的变比,它等于原、副绕组的匝数比。若电源电压 U_1 一定,只要改变它们的匝数比,就可以得到不同的输出电压。当 $N_1 > N_2$ 时,即 $K > 1$ 时,变压器起降压作用;当 $N_1 < N_2$ 时,即 < 1 时,变压器起升压作用。

【例 5-1】 有一台变压器,原绕组接在 1000 V 高压输电线上,副绕组开路电压为 400 V。试求变压器的变比。若原绕组的匝数为 625,求副绕组的匝数。

解 变压器的变比
$$K = \frac{U_1}{U_{20}} = \frac{1000}{400} = 25$$

副绕组的匝数

$$N_2 = \frac{N_1}{K} = \frac{625}{25} = 45$$

2.负载运行

当原绕组接入额定交流电压,副绕组接上负载时,变压器便处于有载运行状态,如图 5 - 10 所示。在副边感应电压的作用下,副边线圈中有了电流 i_2。

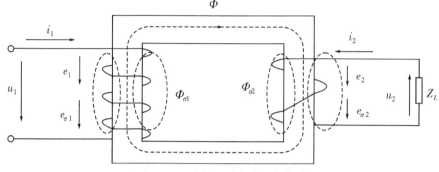

图 5 - 10 变压器的有载运行状态

在负载状态下,由于副绕组漏磁通 $\Phi_{\sigma2}$ 的影响和副绕组电阻 R_2 上的电压降可以忽略,则

$$U_2 \approx E_2 = 4.44 f N_2 \Phi_m$$

$$\frac{U_1}{U_2} \approx \frac{E_1}{E_2} = \frac{N_1}{N_2} = K \tag{5.10}$$

能力知识点 2 电流关系

不论变压器空载还是有载,原绕组上的阻抗压降均可忽略,故有

$$U_1 \approx E_1 = 4.44 f N_1 \Phi_m$$

由上式可知,U_1 和 f 不变时,E_1 和 Φ_m 也都基本不变。因此,有负载时产生主磁通的原、副绕组的合成磁动势 $(i_1 N_1 + i_2 N_2)$ 和空载时产生主磁通的原绕组的磁动势 $(i_0 N_1)$ 基本相等,即

$$i_1 N_1 + i_2 N_2 = i_0 N_1 \tag{5.11}$$

由于空载电流 i_0 很小,约占额定电流的百分之几,可以忽略不计。于是有

$$i_1 N_1 \approx - i_2 N_2 \tag{5.12}$$

则原、副绕组电流有效值之比

$$\frac{I_1}{I_2} \approx \frac{N_2}{N_1} = \frac{1}{k} \tag{5.13}$$

式(5.13)表明原、副绕组电流有效值之比等于原、副绕组匝数的反比。匝数多的绕组电流小,匝数少的绕组电流大。

变压器有载时,原边电流 I_1 的大小是由副边电流 I_2 的大小决定的。当负载增加(例如照明负载增加灯数)时,副绕组电流 I_2 和磁动势 $I_2 N_2$ 也随之增大,对原绕组磁动势的去磁作用增强。此时,原绕组电流 I_1 和磁动势 $I_1 N_1$ 因补偿副绕组的去磁作用也随着增大,从而维持主磁通最大值 Φ_m 几乎不变。简单说就是:负载增加,电流 I_2 增大,电流 I_1 随着增大;负载减小,电流 I_2 减小,电流 I_1 随着减小。

能力知识点 3　阻抗关系

把一个阻抗为 Z_L 的负载接到变压器的副边,如图 5-11(a)所示,则

$$|Z_L| = \frac{U_2}{I_2}$$

从原边看,如图 5-11(b)所示,则

$$|Z_L'| = \frac{U_1}{I_1} = \frac{KU_2}{I_2/K} = K^2\frac{U_2}{I_2} = K^2|Z_L| \tag{5.14}$$

由式(5.14)可见,把阻抗模为 $|Z_L|$ 的负载接到变比为 k 的变压器副边时,从原边看的等效阻抗就变为 $K^2|Z_L|$,从而实现了阻抗的变换。

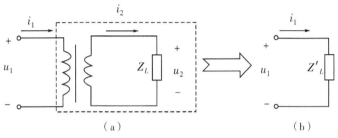

图 5-11　变压器的阻抗变换原理图

在电子技术中,常需要将负载阻抗值变换为放大器所需要的数值,使负载获得最大的功率,这个过程称为阻抗匹配。实现这种作用的变压器称为匹配变压器。

【例 5-2】　如图 5-12 所示,交流信号源的电动势 $E=120$ V,内阻 $R_0=800$ Ω,负载为扬声器,其等效电阻为 $R_L=8$ Ω。试求:

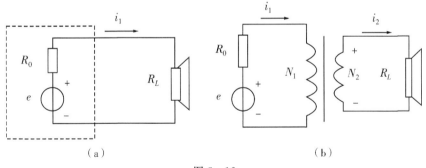

图 5-12

(1)当将负载直接与信号源连接时,信号源输出多大功率?

(2)当 R_L 折算到原边的等效电阻 $R_L'=R_0$ 时,求变压器的匝数比和信号源输出的功率;

解　(1)将负载直接与信号源相连接,如图 5-12(a)所示,输出功率为:

$$P_L = \left(\frac{E}{R_0+R_L}\right)^2 R_L = \left(\frac{120}{800+8}\right)^2 \times 8 = 0.176(\text{W})$$

(2)由公式 $|Z_L'|=K^2|Z_L|$ 知

$$K = \frac{N_1}{N_2} = \sqrt{\frac{R_L'}{R_L}} = \sqrt{\frac{800}{8}} = 10$$

则信号源的输出功率为

方法一

$$P_L = \left(\frac{E}{R_0 + R'_L}\right)^2 \times R'_L = \left(\frac{120}{800 + 800}\right)^2 \times 800 = 4.5(\text{W})$$

方法二

因为 I_1
$$= \frac{E}{R_0 + R'_L} = \frac{120}{800 + 800} = 0.075(\text{A})$$

$$I_2 = kI_1 = 10 \times 0.075 = 0.75(\text{A})$$

则

$$P_L = I_2^2 R_L = 0.75^2 \times 8 = 4.5(\text{W})$$

由此例可见,加入变压器以后,输出功率提高了很多。原因是满足了电路中获得最大输出的条件——信号源内、外阻抗差不多相等。

本节思考题

1.变压器原边与副边没有电的联系,那么原边的电能是怎样传递到副边的?

2.变压器空载运行时,原边电流为什么很小?有载运行时,原边电流为什么变大?空载运行和有载运行磁通中 Φ_m 是否相同?为什么?

3.变压器的负载电流增大时,原边电流为什么也随之增大?

4.有一空载变压器,原边加额定电压 220 V,并测得原绕组电阻 $R_1 = 10\ \Omega$,试问原边电流是否等于 22 A?

5.将一只 8 Ω 的扬声器接到变比为 6 的变压器的副边,则等效到原边的等效电阻是多大?

5.3 变压器的铭牌

变压器外壳上都有一块金属牌,称为铭牌,其上刻有变压器的型号和主要技术数据,如图 5-13 所示。它相当于简单的说明书,使用者需要正确理解铭牌中字母与数字的含义。

电力变压器			
产品型号	S9-315/10	产品编号	
额定容量	315 kV·A	使用条件	户外式
额定电压	10000/400 V	冷却条件	ONAN
额定电流	18.2/454.7 A	短路电压	4%
额定频率	50 Hz	器身吊重	765 kg
相 数	三相	油 重	380 kg
总 重	1525 kg		
年 月		编号	××制造厂

图 5-13 某变压器的铭牌

1.型号

型号用来表示设备的特征和性能。变压器的型号一般由两部分组成:前一部分用汉语拼音字母表示变压器的类型和特点;后一部分由数字组成,斜线左方数字表示额定容量(kVA),斜线右方数字表示高压侧额定电压(kV)。型号含义如图 5-14 所示。

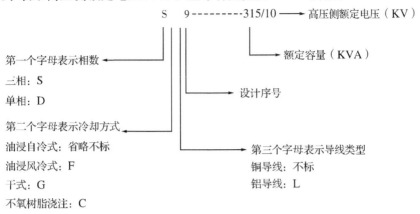

图 5-14 变压器型号的含义

S_9 - 315/10 表示三相油浸自冷式铜绕组变压器,设计序号为 9,额定容量为 315 kVA,高压侧额定电压为 10 kV。电力变压器的主要类型除 S_9 外,还有 S_6、S_7、SL_7、SF_7 等。

2. 额定电压 U_{1N}、U_{2N}

原边额定电压 U_{1N} 是根据变压器的绝缘强度和允许发热程度而规定的原边应加的正常工作电压。副边额定电压 U_{2N} 是指原边加额定电压时副边的开路电压,即空载电压。对三相变压器而言,原边和副边额定电压均指线电压,单位为千伏(kV)或伏(V)。

3. 额定电流 I_{1N}、I_{2N}

原边额定电流 I_{1N} 和副边额定电流 I_{2N} 是根据变压器允许发热程度而规定的原边与副边中长期允许通过的最大电流值。对三相变压器而言,原边额定电流和副边额定电流均为线电流。

4. 额定容量 S_N

额定容量是指变压器在额定工作条件下的输出能力,即视在功率。用副边额定电压 U_{2N} 与额定电流的乘积 I_{2N} 来表示,单位为千伏安(kVA)。

单相变压器
$$S_N = \frac{U_{2N}I_{2N}}{1000}$$

三相变压器
$$S_N = \frac{\sqrt{3}U_{2N}I_{2N}}{1000}$$

5. 额定频率 f_N

额定频率是指变压器运行时允许的外加电源频率。我国电力变压器的额定频率为 50 Hz。

6. 温升

温升是指变压器额定运行时,允许内部温度超过周围标准环境温度的数值。我国的标准环境温度规定为 40℃。温升的大小取决于变压器所用绝缘材料的等级,也与变压器的损耗和散热条件有关。允许温升等于由绝缘材料耐热等级确定的最高允许温度减去标准环境温度。常用绝缘材料的等级及其最高允许温度如表 5-1 所示。

表 5 - 1　常用绝缘材料的等级及其最高允许温度

绝缘等级	A 级	E 级	B 级	F 级	H 级
最高允许温度(℃)	105	120	130	155	180

7. 变压器的效率

是指变压器输出有功功率 P_2 与输入有功功率 P_1 之比,一般用百分数表示。

$$\eta = \frac{P_2}{P_1} \times 100\%$$

变压器效率与内部损耗密切相关。变压器的内部损耗有铜损 P_{Cu} 和铁损 P_{Fe} 两部分。

(1)铜损。绕组中产生的功率损耗称为铜损。变压器工作时,原、副绕组电阻 r_1 和 r_2 均产生铜损,即

$$P_{Cu} = I_1^2 r_1 + I_2^2 r_2$$

铜损随电流的变化而变化。电流 I_2 和 I_1 越大,铜损 P_{Cu} 就越大。

(2)铁损。铁芯中产生的功率损耗称铁损。铁损包括磁滞损耗 P_h 和涡流损耗 P_e,即

$$P_{Fe} = P_h + P_e$$

为了减少磁滞损耗 P_h,铁芯材料通常采用磁滞回线较窄的硅钢片;为减少涡流损耗 P_e,要使硅钢片彼此绝缘,顺着磁场方向叠成。硅钢片的厚度为 $0.35 \sim 0.5$ mm。

变压器的内部损耗很小,所以效率很高。中小型电力变压器的效率可达 $90\% \sim 95\%$,大型电力变压器的效率可达 $98\% \sim 99\%$。由于铜耗与负载有关,因此,在不同的工作状态下变压器的效率亦不同。当负载为额定负载的 $50\% \sim 75\%$ 时,效率最高,而轻载时变压器效率很低。

 小技巧

变压器的钢损和铁损与变压器传输功率相比之下则是很小的,因此在理解变压器的电压、电流关系时,也可近似地认为变压器一次绕组输入功率 $U_1 I_1$ 等于其一次绕组输出功率 $U_2 I_2$。即

$$U_1 I_1 \approx U_2 I_2$$

则原、副绕组电流有效值之比

$$\frac{I_1}{I_2} \approx \frac{N_2}{N_1} = \frac{1}{K}$$

【例 5 - 3】　一台单相变压器,额定容量 $S_N = 50$ kVA,额定电压 $U_{1N} = 6600$ V,$U_{2N} = 230$ V,由试验测出 $P_{Cu} = 1450$ W,$P_{Fe} = 500$ W。该变压器箱照明负载供电,额定负载时 $U_2 = 220$ V。试求:

(1)变压器的变比;

(2)原副绕组的额定电流;

(3)副边能接多少只 100 W、220 V 的白炽灯正常工作?

(4)满载和半载时的效率。

解　(1)变压器的变比

$$K = \frac{U_{1N}}{U_{2N}} = \frac{6600}{230} = 28.7$$

（2）原、副绕组的额定电流

由 $S_N = U_{2N}I_{2N}$ 得

$$I_{2N} = \frac{S_N}{U_{2N}} = \frac{50 \times 10^3}{230} = 217.4(A)$$

由 $K = \frac{I_{2N}}{I_{1N}}$ 得

$$I_{1N} = \frac{1}{k}I_{2N} = \frac{230}{6600} \times 217.4 = 7.58(A)$$

（3）$P_2 = U_2I_2\cos\varphi = 220 \times 217.4 \times 1 = 47828(W)$

灯泡数

$$N = \frac{P_2}{P} = \frac{47828}{100} \approx 478$$

（4）满载时

$$\eta = \frac{P_2}{P_2 + P_{Cu} + P_{Fe}} \times 100\% = \frac{47828}{47828 + 1450 + 500} \times 100\% = 96.1\%$$

半载时，由于铜损 P_{Cu} 与电流的平方成正比：

所以

$$P'_{Cu(半载)} = (\frac{1}{2})^2 P_{Cu} = \frac{1}{4} \times 1450 = 362.5(W)$$

$$\eta = \frac{P'_2}{P'_2 + P'_{Cu} + P_{Fe}} \times 100\% = \frac{1/2 \times 47828}{1/2 \times 47828 + 362.5 + 500} \times 100\% = 96.5\%$$

本节思考题

1. 一变压器的型号为 $SL_7-500/10$，解释型号中字母和数字表示的含义。

2. 变压器铭牌上标出的额定容量是"千伏·安"，而不是"千瓦"，为什么？额定容量是指什么？

5.4 变压器绕组的极性和绕组连接

当变压器只有一个原绕组和一个副绕组时，它的极性对于变压器的运行没有任何影响。但当变压器有两个或两个以上的原绕组和几个副绕组时，使用中就必须注意它们的正确连接，即根据绕组的极性正确连接线路，否则不能正常使用，甚至烧毁变压器或用电设备。

能力知识点1 同极性端

如图 5-15 所示，变压器原边有两个相同的绕组，每个绕组的额定电压都是 110 V。若要把变压器接到交流电压为 220 V 电源上使用，那就必须把两绕组串联。串联的方法有两种，一种是将接线端 2 和 3 连起来，接线端 1 和 4 之间接 220 V 交流电压，如图 5-16 所示，此时两绕组中的感应电动势方向相同，合成电动势增大，由于感应电动势与电源电压反相，绕组的电流很小，此种连接为正向串联，是正确的。如果像图 5-17 所示那样，把接线端 2 和 4 连接在一起，在接线端 1 和 3 之间接 220 V 交流电压，此时两绕组中的感应电动势方向相反，相互抵消,铁芯中无磁通产生,绕组中的合成感应电动势为零,220 V电源电压全部加在只有很小直流电阻原绕组上,绕组中通过的电流很大,将会烧毁绕组。因此,正确连接绕组是很重要的。

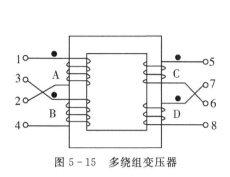

图 5-15　多绕组变压器

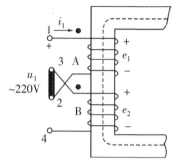

图 5-16　正向串联

为此,特引入同极性端的概念:当电流分别流入两个绕组时,产生的磁通方向相同,或者说,当磁通发生变化时,两个绕组中产生的感应电动势方向相同,则把两绕组的流入电流端称为同极性端,也叫同名端,同名端打上符号"·"作为标记。习惯上,一个绕组只标对应的一端即可。

若电源电压为110 V,两个原绕组应并联,并联时只能将对应的同极性端连在一起,如图5-18所示,否则将会有烧毁绕组的危险。

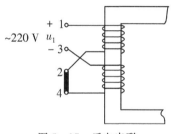

图 5-17　反向串联

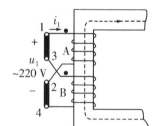

图 5-18　绕组的并联

同理,副绕组进行串联或并联时,也必须根据同名端进行正确连接。若串联时接错,输出电压为零;并联时接错,将导致绕组烧坏。

能力知识点 2　绕组极性的判别

不管绕组是串联还是并联,都必须分清绕组的同名端。那么,对绕组同极性端又如何判断呢?下面分析同极性端的判断方法。

1.观察法

当已知两绕组的绕向时,可直接从绕组的绕向判断同极性端:绕组均取上端为首端,下端为末端,两绕组绕向相同时,两首端为同极性端(当然两末端也为同极性端),如图5-19(a)所示;两绕组绕向相反时,两首端为异极性端,即一绕组的首端与另一绕组的末端为同极性端,如图5-19(b)所示。

2.实验法

当无法辨认绕组的绕向时,通常用实验方法进行测定绕组的同极性端。常用的实验法有直接法和交流法。

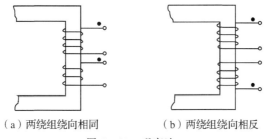

（a）两绕组绕向相同　　　（b）两绕组绕向相反

图 5-19　观察法

（1）直流法。将变压器的两个绕组按图 5-20 所示连接,当开关 S 闭合瞬间,如毫安表的指针正向偏转,则 1 端和 3 端为同极性端。这是因为当不断增大的电流刚流进 1 端时,1 端的感应电动势极性为"+",而毫安表正向偏转,说明 3 端此时也为"+",所以 1 端和 3 端为同极性端。如毫安表的指针反向偏转,则的 1 端和 4 端为同极性端。

（2）交流法。把变压器两绕组的任意两端连在一起（如 2 端和 4 端）,在其中一个绕组上接上一个较低的交流电压,如图 5-21 所示。再用交流电压表分别测量 U_{12}、U_{13}、U_{34},若 U_{13} 等于 U_{12}、U_{34} 之差,则 1 端和 3 端为同极性端;若 U_{13} 等于 U_{12}、U_{34} 之和,则 1 端和 3 端为异极性端（即 1 端和 4 端为同极性端）。

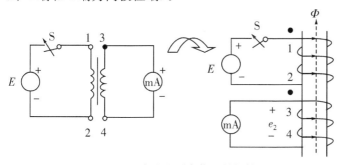

图 5-20　直流法测定绕组的极性

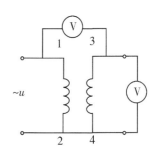

图 5-21　交流法测定绕组的极性

能力知识点 3　绕组的连接

绕组的极性确定之后,即可根据实际需要将绕组连接起来。绕组串联可以提高电压,绕组并联可以增大电流。但是,只有额定电流相同的绕组才能串联,额定电压相同的绕组才能并联。

1. 串联

将两个绕组按首—末—首—末顺序连接起来,可向负载提供 200 V 的电压和 2 A 的电流,如图 5-22 所示。

2. 并联

将两个绕组按首—首、末—末分别连接起来,可向负载提供 110 V 电压和 4 A 电流,如图 5-23所示。

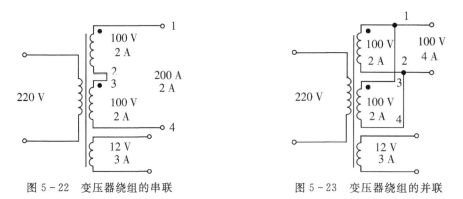

图 5-22　变压器绕组的串联　　　　图 5-23　变压器绕组的并联

【例 5-4】 变压器原一次侧有两个额定电压为 110 V 的绕组。当电源电压为 220 V 时，连接 2—3，如图 5-24(a)所示；电源电压为 110 V 时，连接 1—3、2—4，如图 5-24(b)所示。

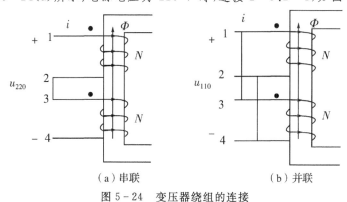

（a）串联　　　　　　　　（b）并联

图 5-24　变压器绕组的连接

我国的国家标准对三相变压器规定了五种标准连接方式：Y/Y_0、$Y/\triangle$、$Y_0/\triangle$、Y/Y、Y_0/Y。其中，分子为原绕组的连接方式，分母为副绕组的连接方式。Y_0 表示 Y 连接并有中性线。常用连接方式为：Y/Y_0、$Y_0/\triangle$、$Y/\triangle$。

(1) Y/Y_0：适合低压配电，高压 $10\sim35$ kV，低压 400 V，有中性线引出，适合动力、照明负载。

(2) $Y/\triangle$：适合三相三线制系统中，一般高压在 $35\sim110$ kV 之间，低压为 $3\sim10$ kV。

(3) $Y_0/\triangle$：适合 110 kV 及其以上的高压输电系统中，一般需要把原绕组的中点接地或通过阻抗接地。

▶ 本节思考题

1. 在图 5-20 所示的测定绕组极性的电路中。当开关 S 闭合瞬间发现电流表的指针反偏，试解释原因并标出绕组的极性。

2. 如果两绕组的极性端接错，有可能会出现什么结果，并解释原因。

5.5 特殊变压器

能力知识点 1 自耦变压器

图 5—25 是单相自耦变压器的原理图,单相自耦变压器的主要特点为:原边和副边共用一个绕组,副边绕组是原边绕组的一部分;原边和副边之间不仅有磁的耦合而且还有电的直接联系。

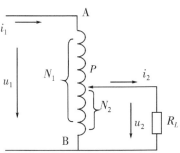

图 5-25 自耦变压器原理图

原、副边电压和电流同样有如下关系:

$$\frac{U_1}{U_2} = \frac{N_1}{N_2} = K \qquad \frac{I_1}{I_2} = \frac{N_2}{N_1} = \frac{1}{K}$$

由于自耦变压器的结构简单、用料省、效率高、电压调节方便,广泛用于工农业生产,特别广泛用于实验室。但由于原、副边之间有电的直接联系,因此,原、副边应采用同一绝缘等级。例如,用自耦变压器把 6 kV 降为 220 V,则副边电路的绝缘也要按照 6 kV 来考虑,这样不仅不经济,而且对工作人员来说也不安全。因此,自耦变压器的变比 K 一般小于 2.5。此外,自耦变压器不允许作为安全变压器使用。因为公共部分断开时,原边的较高电压将直接引入副边。

实验室常用的调压器就是一种可调式自耦变压器,滑动触头可沿绕组上下滑动,可以获得大幅度可调的输出电压(0~250 V),如图 5-26 所示。

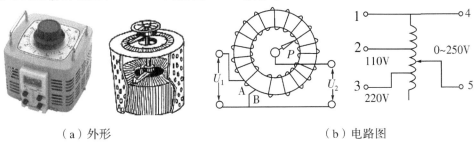

（a）外形 （b）电路图

图 5-26 调压器

能力知识点 2 电压互感器

电压互感器原理图如图 5-27 所示。电压互感器的原边匝数较多,与被测高压线路并联;

副边匝数较少,接在电压表上或功率表的电压线圈上,它相当于一台小容量的降压变压器,可将高电压变为低电压,于是便可以用低量程的电压表来测量高电压。被测电压＝电压表读数 $\times N_1/N_2$。

由于电压表或电压线圈的内阻抗很大,所以,电压互感器工作时相当于变压器运行在空载状态。

通常,电压互感器的副边额定电压均设计为额定值为 100 V。因此,在不同电压等级的电路中所用的电压互感器,其变压比是不同的。变压比用额定电压的比值形式标注在铭牌上,例如,6000/100,10000/100。

 小技巧

当电压互感器和电压表配套使用时,电压表的刻度可按电压互感器高压侧的电压标出,这样就可以不必经过中间运算而直接读数。

使用电压互感器时要注意以下两点:①副边不能短路,以防产生过流而烧坏电压互感器;②铁芯和副边绕组的一端必须可靠接地,以防在绝缘损坏时在副边出现高压而危及操作人员的安全。

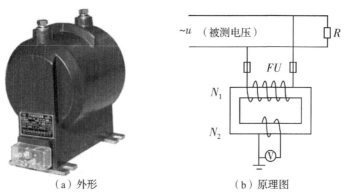

（a）外形　（b）原理图

图 5－27　电压互感器

能力知识点 3　电流互感器

电流互感器原理如图 5-28 所示。它的原边绕组只有几匝串联接入被测线路,工作于低压大电流;副边绕组匝数较多,接在电流表上或电度表的电流线圈上,工作于高压小电流状态。从图 5-28 中可以看出,它相当于一台小容量的升压变压器,可将大电流变为小电流,以便用小量程的电流表来测量大电流。被测电流＝电流表读数 $\times N_2/N_1$。

由于电流表或电流线圈的内阻抗很小,所以,电压互感器工作时相当于变压器运行在短路状态。

通常,电流互感器的副边额定电压均设计为额定值为 5 A。因此,在不同电流的电路中所用的电流互感器,其变流比是不同的。变流比用额定电流的比值形式标注在铭牌上,例如,100/5,75/5。

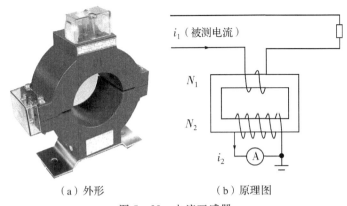

（a）外形　　　　　　（b）原理图

图 5-28　电流互感器

 小技巧

当电流互感器和电流表配套使用时，电流表的刻度可按电流互感器原边额定电流值标出，以便直接读数。

使用电流互感器时要注意以下两点：

(1)副边不能开路，以防过大的励磁电流产生绕组高电压，容易击穿绝缘，损坏设备，危及人身安全。为了避免拆卸电流表时发生副边开路现象，一般在电流变两端并联一个开关，拆卸电流表之前闭合开关，更换仪表后再打开开关。

(2)铁芯和副边绕组的一端必须接地，以防在绝缘损坏时，原边的高电压传到副边。

📖 **小知识**

常用的数字钳形电流表外形如图 5-29 所示。使用时，握紧钳形电流表的把手时，铁芯张开，将通有被测电流的导线放入钳口中。松开把手后铁芯闭合，被测载流导线相当于电流互感器的原边绕组，绕在钳形表铁芯上的线圈相当于电流互感器的副边绕组。于是二次绕组便感应出电流，送入整流系电流表，使指针偏转，指示出被测电流值。

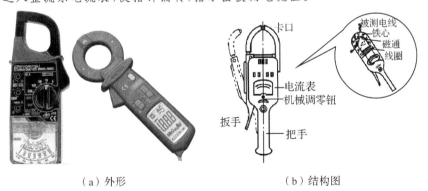

（a）外形　　　　　　　（b）结构图

图 5-29　数字钳形电流表

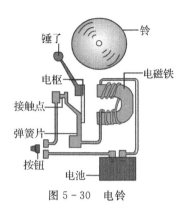

图 5-30 电铃

相关知识

1.电磁铁

电磁铁是利用通电的铁芯线圈吸引衔铁或保持某种机械零件、工件于固定位置的一种电器。衔铁的动作可使其他机械装置发生联动。当电源断开时,电磁铁的磁性随着消失,衔铁或其他零件即被释放。

图 5-30 所示为电磁铁在电铃中的应用实例。

2.电焊变压器

交流电焊机应用很广,它的主要组成部分是电焊变压器,一种特殊的降压变压器,其特殊性在于它具有陡降的外特性,如图 5-31 所示(图中 1、2 曲线分别表示电焊变压器副边带不同负载时的副边电压变化情况)。

图 5-32 所示为电焊变压器原理图。空载时,电焊变压器把 380 V 或 220 V 的电源电压变为 60~80 V 的点弧电压。焊接时,负载随焊条与焊件之间的距离发生较大变化时,U_2 也随之发生较大变化。达到额定焊接电流时,U_2 变为 30~40 V;焊条与焊件解除短路时,$U_2=0$。为了维持点燃着的电弧稳定连续地工作,要求焊接电流 I_2 不应变化太大,即使焊条与焊件短路,I_2 也不应超过额定电流的 1.5 倍,以保证焊接质量。为此,电焊变压器必须具有陡降的外特性,即 U_2 变化较大时,I_2 变化较小。

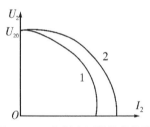

图 5-31 电焊变压器的外特性

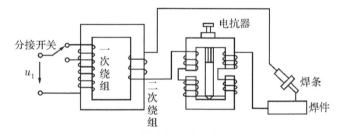

图 5-32 带电抗器的电焊变压器

通常,在变压器的副绕组上串接铁芯电抗器。空载时,由于焊接电流 $I_2=0$,电抗器上没有电压降,电弧电压就等于副边端电压。焊接时,由于电抗器的电抗值较大,I_2 必在电抗器上产生较大的电压降,因此,U_2 比空载时显著下降。即使焊条与焊件短路,由于电抗器的分压限流作用,短路电流 I_2 也不会太大。

为了调节二次侧空载电压,在一次侧绕组中备有分接头。电焊变压器输出电流的调节主要通过改变电抗器的气隙大小来实现,如气隙减小时,电抗增大,电焊机输出外特性下降陡度就增大,电流就减小。

本节思考题

1. 单相调压器的原边电压为 220 V,副边电压为 0~250 V,若误将 220 V 电源接在副边上,会发生什么现象?

2. 在测量高电压时,为什么要使用电压互感器?使用电压互感器时有什么注意事项?

3.在测量大电流时,为什么要使用电流互感器?使用电流互感器时有什么注意事项?

 本章小结

本章重点理解和掌握以下基本知识点。

(1)变压器主要由铁芯、绕组和附件组成。铁芯和绕组是变压器的主体。

(2)变压器的电压关系、电流关系和阻抗关系。

①电压关系　　　$\dfrac{U_1}{U_2}=\dfrac{N_1}{N_2}=K$

②电流关系　　　$\dfrac{I_1}{I_2}=\dfrac{N_2}{N_1}=\dfrac{1}{K}$

③阻抗关系　　　$|Z'_L|=K^2|Z_L|$

(3)变压器的铭牌上刻有变压器的型号和主要技术数据,使用者要正确理解铭牌中字母与数字的含义。

(4)使用多绕组变压器时,要先确定绕组的极性,然后根据实际条件采用适当方法找出绕姐的同名端。

绕组极性的判别方法:①观察法;②实验法(直流法和交流法)。

(5)常用的特殊变压器:自耦变压器、电压互感器、电流互感器)。特殊变压器的基本结构和原理与一般变压器相同。

本章习题

A 级

5.1　一台电压为3300/220 V的单相变压器,向5 kW的电阻性负载供电。试求变压器的变压比及原、副绕组的电流。

5.2　测定绕组极性的电路如题图5-1所示。当闭合S时,画出两回路中电流的实际方向。

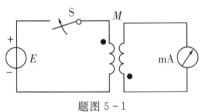

题图 5-1

5.3　使用6000/100 V的电压互感器进行测量时,电压表指在98 V处,求被测线路的电压是多大?

5.4　使用100/5 A的电流互感器进行测量时,电流表指在4.2 A处,求被测线路的实际电流时多大?

5.5　题图5-2是一个有三个副绕组的电源变压器,试根据图中各副绕组所标输出电压,通过不同的连接方式,你能得出哪些输出电压?

B 级

5.6　有一单相照明变压器,容量为10 kVA,电压3300/220 V。如果变压器在额定状态

下运行,试求:

(1)副边能接多少个 60 W、220 V 的白炽灯正常工作?

(2)求原、副绕组的额定电流。

5.7 在 5.6 题中,如果变压器工作在额定状态,副绕组上能接多少个 30 W、220 V 的白炽灯正常工作? 变压器的原、副绕组的额定电流是否发生变化?

5.8 在 5.6 题中,若变压器副绕组上接 30 W、220 V、功率因素为 0.5 的白炽灯正常工作,变压器仍然工作在额定状态,则这种白炽灯能接多少只?

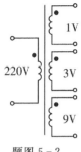
题图 5-2

5.9 单相变压器原、副边额定电压为 220/36 V,$S_N=2$ kVA,求:

(1)原、副绕组的额定电流。

(2)当原边加额定电压后,问是否在任何负载下原、副边都是额定值? 为什么?

(3)若在副边接 100 W、36 V 的白炽灯 15 个,求原边电流 I_1。若在副边只接 100 W、36 V 的白炽灯 2 个,那么原边电流 I_1 是多大? 问上述两种情况下算得的电流,哪一种比较准确? 为什么?

5.10 在题图 5-3 中,将 $R_L=8$ Ω 的扬声器接在输出变压器的副绕组,已知 $N_1=300$,$N_2=100$,信号源电动势 $E=6$ V,内阻 $R_0=100$ Ω,试求信号源输出的功率。

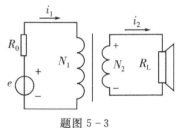
题图 5-3

5.11 题图 5-4 所示的变压器,原边有两个额定电压为 110 V 的绕组。副绕组的电压为 6.3 V。

(1)若电源电压是 220 V,原绕组的四个接线端应如何连接才能接到 220 V 的电源上?

(2)若电源电压是 110 V,原边绕组要求并联使用,这两个绕组应当如何联接?

(3)在上述两种情况下,原边每个绕组中的额定电流有无不同,副边电压是否有改变。

5.12 题图 5-5 所示是一电源变压器,原绕组有 550 匝,接在 220 V 电压上。副绕组有两个:一个电压 36 V,负载 36 W;一个电压 12 V,负载 24 W。两个都是纯电阻负载时,求原边电流 I_1 和两个副绕组的匝数。

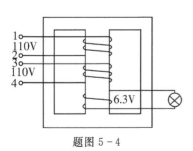
题图 5-4

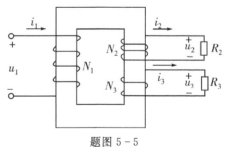
题图 5-5

第6章
三相异步电动机

 学习目标

1. 知识目标

(1)了解三相异步电动机的结构。

(2)理解三相异步电动机的工作原理、机械特性、铭牌技术数据。

(3)掌握三相异步电动机的运行方式。

2. 能力目标

能正确分析三相异步电动机的基本控制电路。

知识分布网络

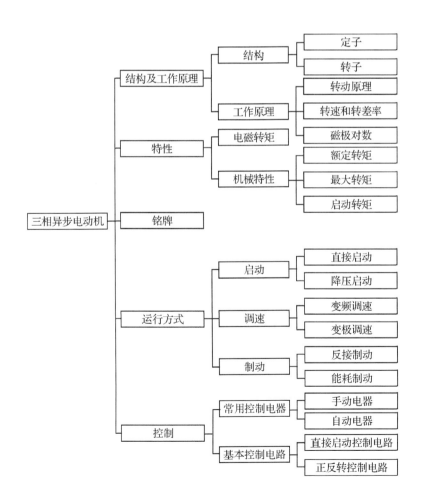

三相异步电动机把交流电能转变为机械能的一种动力机械,在工农业生产中广泛用来驱动各种金属切削机床、起重机、鼓风机、水泵等。三相异步电动机分鼠笼式异步电动机及绕线式异步电动机,二者的差别在于转子的结构不同。鼠笼式电动机以其结构简单、运行可靠、维护方便、价格便宜,在工程实际中应用广泛。本章主要介绍鼠笼式异步电动机。

6.1 三相异步电动机的结构及工作原理

能力知识点 1 三相异步电动机的结构

三相异步电动机外形图如图 6-1 所示。三相异步电动机主要由定子和转子两部分组成,定子和转子之间有很小的空气隙(一般为 0.2～2 mm),以保证转子在定子内自由转动。三相异步电动机结构如图 6-2 所示。

图 6-1 三相鼠笼式电动机的外形

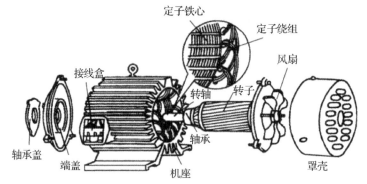

图 6-2 三相鼠笼式电动机的结构

1.定子

定子由定子铁芯、定子绕组和机座三部分组成。

定子铁芯是电动机的磁路部分,为减少铁芯中的涡流损耗,一般用 0.35 mm～0.5 mm 厚、表面涂有绝缘漆或氧化膜的硅钢片叠压而成。在定子硅钢片的内圆上冲制有均匀分布的槽口,用以嵌放对称的三相绕组。

定子绕组是异步电动机的电路部分,与三相电源相连。其主要作用是通过定子电流,产生旋转磁场,实现能量转换。定子绕组由三相对称绕组组成,三相对称绕组按照一定的空间角度依次嵌放在定子槽内,并与铁芯间绝缘。一般异步电动机多将定子三相绕组的 6 根引线按首端 A、B、C,尾端 X、Y、Z,分别对应接在机座外壳的接线盒 U_1、V_1、W_1,U_2、V_2、W_2 内,可根据需要接成三角形和星形,如图 6-3 所示。

2.转子

转子是异步电动机的旋转部分,由转轴、铁芯和转子绕组三部分组成,它的作用是输出机械转矩,拖动负载运行。

转子铁芯也是由硅钢片叠成,转子铁芯固定在转轴上,呈圆柱形,外圆侧表面有均匀分布的槽,槽内嵌放转子绕组。转子绕组在结构上分为鼠笼式和绕线式两种。

图 6-4 所示为鼠笼式异步电动机的转子。转子铁芯是圆柱形,在转子铁芯内放置铜条,

其两端用端环相接。其形状呈笼状,故称为鼠笼式转子。也可在转子铁芯的槽内浇铸铝液,铸成鼠笼式转子。目前,中小型鼠笼式异步电动机都采用铸铝转子。

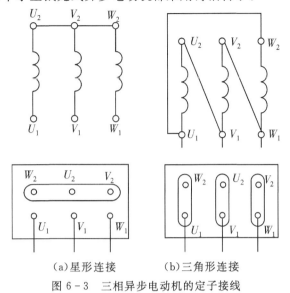

（a）星形连接　　　（b）三角形连接

图 6-3　三相异步电动机的定子接线

图 6-5 所示为绕线式转子。这种转子的特点是在转子铁心的槽内不是放铜条或铸铝,而是放置对称的三相绕组,绕组接成星形。转子绕组的三个出线头连接在三个铜制的滑环上,滑环固定在转轴上。环与环、环与轴都互相绝缘。在环上用弹簧压着碳质电刷,电刷上又连接着三根外接线。

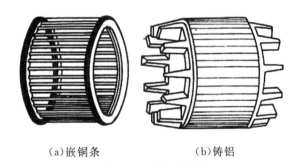

（a）嵌铜条　　　　　　　（b）铸铝

图 6-4　鼠笼式转子

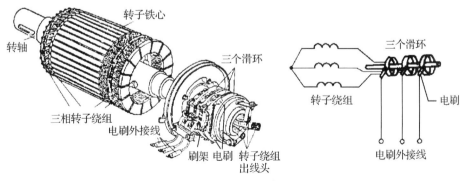

图 6-5　绕线式转子

能力知识点 2 三相异步电动机的工作原理

1.转动原理

三相异步电动机的转动原理可通过如图 6-6 所示的一个模型实验来说明。

图 6-6 中的主要部分是：一个可以旋转的永久磁铁，一个由许多铜条组成的转子。因该转子形似鼠笼，故称为鼠笼式转子。

当我们通过手柄摇动磁铁时，发现鼠笼转子跟着磁极一起转动。摇得快，转子也转得快；摇得慢，转子也转得慢；反摇，转子则跟着反转。通过这一现象，我们来讨论转子的转动原理。

转子与磁极没有机械联系，但转子却能跟着磁极转动。可以肯定，转子与磁极之间存在电磁力，如图 6-7 所示。磁极的磁力线由 N 极指向 S 极，磁极的转动速度为 n_1，转子的转动速度为 n，那么电磁力是怎么产生的？

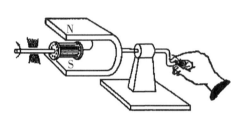

图 6-6 旋转的磁场拖动鼠笼式转子旋转图

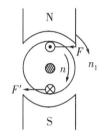

图 6-7 转子转动原理图

当顺时针方向摇动磁极时，磁极的磁力线切割转子铜条（图 6-7 中只标出两根铜条），铜条中产生感应电动势，电动势的方向由右手定则确定。这里应用右手定则时，可假设磁极不动，而转子铜条向逆时针方向转动切割磁力线（这与实际上磁极顺时针方向旋转，磁力线切割转子铜条是相当的）。铜条中产生的感应电动势的方向如图 6-7 所示。在电动势的作用下，闭合的铜条中出现电流。该电流处于磁场之中，在磁场作用下，转子铜条上产生电磁力 F 与 F'。电磁力 F 与 F' 产生电磁转矩，转子就转动起来。电磁力的方向可由左手定则确定。由图 6-7 可见，转子转动的方向与磁极旋的方向相同。

由上面的实验可知，要使转子转动，必须要有一个旋转的磁场。将三相对称电源接入电动机的定子对称三相绕组中，就形成对称三相电流，在三相绕组中所形成的合成磁场就是一个随时间变化的旋转磁场。转向如图 6-8 中 n_1 箭头所示，其转速为 n_1。当磁场掠过转子的闭合导体时，导体就切割磁力线产生感应电势和电流。感应电流的方向根据右手定则来确定，这个电流与旋转磁场相互作用，产生电磁力 F，其方向由左手定则来确定。显然上述电磁力对转子形成了与 n_1 同方向的电磁力矩，在此转矩的作用下，转子就以 n 转速

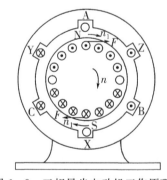

图 6-8 三相异步电动机工作原理图

顺着 n_1 的转向旋转。但 n 总是小于 n_1，只有这样，转子的闭合导体才能切割磁力线，在其中感应电势，流过电流，产生电磁力矩，带动负载。这就是异步电动机简单工作原理。

我们可以将三相异步电动机的工作原理总结如下：

(1)三相正弦交流电通入电动机定子的三相绕组,产生旋转磁场,旋转磁场的转速称之为同步转速;

(2)旋转磁场切割转子导体,产生感应电势;

(3)转子绕组中感生电流;

(4)转子电流在旋转磁场中产生力,形成电磁转矩,电动机就转动起来了。

2.转速和转差率

电动机的转速达不到旋转磁场的转速,否则,就不能切割磁力线,就没有感应电势,电动机就停下来了。转子转速与同步转速不一样,故称之为"异步"。

通常把电动机的转速差(n_1-n)与旋转磁场的同步转速n_1之比称为异步电动机的转差率S,转差率通常用百分数表示,即

$$S = \frac{n_1 - n}{n_1} \times 100\% \tag{6.1}$$

从式(6.1)可知,转子转速越高,转差率越小;转子转速越低,转差率越大。在电动机启动瞬间$n=0$,则$S=1$;当转子转速$n \approx n_1$时,$S=0$。故$0<S<1$,异步电动机运行于额定转速时,S约为$1.5\% \sim 6\%$。

式(6.1)也常表示为

$$n = (1-S)n_1 \tag{6.2}$$

式(6.2)表明转子转速n比同步转速n_1小,n总比n_1小百分之几。

3.磁极对数

三相异步电动机的磁极对数是指定子旋转磁场的磁极对数。定子旋转磁场的磁极对数与定子三相绕组的安排有关。三相绕组中每相绕组分别由一组线圈组成,通入三相交流电,建立起来的是一对磁极的旋转磁场,即$p=1$(p表示磁极对数);如果每相绕组绕组由两组线圈串联组成,可以产生两对磁极的旋转磁来,即$p=2$,其转速为一对磁极时旋转磁场转速的一半。在一对磁极的电动机中,电流变化一周,旋转磁场在空间也旋转一周;在两对磁极的电动机中,电流变化一周,旋转磁场在空间旋转半周。

设电源频率f为50 Hz,旋转磁场的转速n_1为:磁极对数$p=1$时,$n_1=60f=60\times50=3000$(r/min);磁极对数$p=2$时,$n_1=60f/2=60\times50/2=1500$(r/min)。由此可以推广到具有$p$对磁极的异步电动机,其旋转磁场的转速为:

$$n_1 = \frac{60f}{p} \tag{6.3}$$

式中:n_1——旋转磁场的转速,也称同步转速(r/min);

f——交流电源频率(Hz);

p——磁极对数。

【例6-1】 一台额定转速$n_N=1450$ r/min的三相异步电动机,电源频率$f=50$ Hz。试求它在额定负载运行时的转差率S_N。

解 由于异步电动机额定转速n_N接近而略小于同步转速n_1,因此根据$n_N=1450$ r/min,可判断其同步转速为$n_1=1500$ r/min,所以磁极对数由式(6.3)可得:

$$p = \frac{60f}{n_1} = \frac{60\times50}{1500} = 2$$

由式(6.1)可得额定转差率:

$$S = \frac{n_1 - n}{n_1} \times 100\% = \frac{1500 - 1450}{1500} \times 100\% = 3.3\%$$

相关知识

设磁极对数 $p = 1$，定子绕组接成星形，接在三相电源上，如图 6-9(a)所示，这时绕组中便通入三相对称电流，即

$$i_A = I_m \sin\omega t$$
$$i_B = I_m \sin(\omega t - 120°)$$
$$i_C = I_m \sin(\omega t + 120°)$$

其电流波形如图 6-9(b)所示，我们分析一下几个时刻产生的磁场。

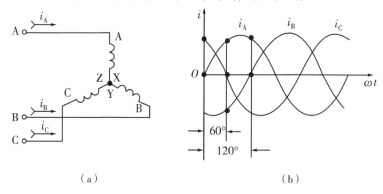

图 6-9　定子绕组通入三相对称电流

（1）当 $\omega t = 0°$ 时：$i_A = 0$，A 相绕组无电流流过；i_B 是负的，其实际方向与参考方向相反，即 Y 端进，B 端出；i_C 是正的，其实际方向与参考方向相同，即 C 端进，Z 端出。通过右手定则可知，此时三相电流所形成的合成磁场如图 6-10(a)所示。

（2）当 $\omega t = 60°$ 时：同理可知，i_A 是正的，i_B 是负的，$i_C = 0$，此时三相电流所形成的合成磁场如图 6-10(b)所示。可见，旋转磁场在空间已转过了 60°。

（3）当 $\omega t = 120°$ 时：同理可知，i_A 是正的，$i_B = 0$，i_C 是负的，此时三相电流所形成的合成磁场如图 6-10(c)所示。可见，旋转磁场在空间已转过了 120°。

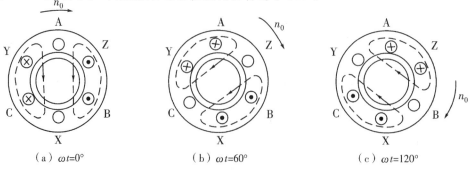

（a）$\omega t = 0°$　　　　　（b）$\omega t = 60°$　　　　　（c）$\omega t = 120°$

图 6-10　三相电流产生的旋转磁场

同理可以分析 $\omega t=180°$、$\omega t=270°$、$\omega t=360°$ 等时刻由三相电流所形成的合成磁场。

■ 本节思考题

1. 三相异步电动机的定子和转子是怎样构成的？定子和转子各有什么作用？

2. 图 6-6 中,旋转磁极为什么能够拖动鼠笼式转子转动？电磁力从何而来？

3. 三相异步电动机的转速为什么总是比旋转磁场的转速小？

4. 磁极对数与电动机定子三相绕组的安排有什么关系？

6.2 三相异步电动机的特性

能力知识点 1　三相异步电动机的电磁转矩

异步电动机的转矩 T 是由旋转磁场的每极磁通 Φ 与转子电流 I_2 相互作用而产生的。电磁转矩的大小与转子绕组中的电流 I 及旋转磁场的强弱有关。

经理论证明,它们的关系是:

$$T = K_T \Phi I_2 \cos\varphi_2 \tag{6.4}$$

其中:

T 为电磁转矩;

K_T 为与电机结构有关的常数;

Φ 为旋转磁场每个极的磁通量;

I_2 为转子绕组电流的有效值;

φ_2 为转子电流滞后于转子电势的相位角。

若考虑电源电压及电机的一些参数与电磁转矩的关系,公式(6.4)修正为

$$T = K'_T \frac{SR_2U_1^2}{R_2^2 + (SX_{20})^2} \tag{6.5}$$

其中:

K'_T 为常数;

S 为转差率;

U_1 为定子绕组的相电压;

R_2 为转子每相绕组的电阻;

X_{20} 为转子静止时每相绕组的感抗。

由上式可知,转矩 T 还与定子每相电压 U_1 的平方成比例,所以当电源电压有所变动时,对转矩的影响很大。此外,转矩 T 还受转子电阻 R_2 的影响。

能力知识点 2　三相异步电动机的机械特性

在一定的电源电压 U_1 和转子电阻 R_2 下,电动机的转矩 T 与转差率 S 之间的关系曲线 $T=f(S)$ 或转速与转矩的关系曲线 $n=f(T)$,称为电动机的机械特性曲线,它可根据式(6.5)得出,如图 6-11 所示。将 $T=f(S)$ 曲线顺时针方向转过 90°,再将表示 T 的横坐标轴移下,纵坐标轴表示 n,则得 $n=f(T)$ 曲线,如图 6-12 所示。

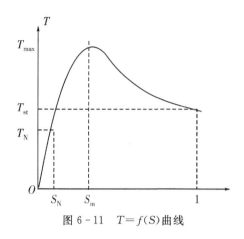

图 6-11　$T = f(S)$ 曲线

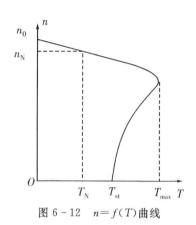

图 6-12　$n = f(T)$ 曲线

研究机械特性的目的就是为了分析异步电动机的运行性能,为了便于分析,我们讨论一下机械特性的三个特征转矩。

1. 额定转矩 T_N

额定转矩 T_N 是异步电动机带额定负载时转轴上的输出转矩。

$$T_N = 9550 \frac{P_N}{n_N} \tag{6.6}$$

式中 P_N 是电动机轴上输出的机械功率,其单位是瓦特(W),n_N 的单位是转/分(r/min),T_N 的单位是牛·米(N·m)。

如某普通机床的主轴电机(Y132M-4型)的额定功率为 7.5 kW,额定转速为 1440 r/min,则额定转矩为:

$$T_N = 9550 \frac{P_N}{n_N} = 9550 \frac{7.5}{1440} = 49.7 (\text{N·m})$$

2. 最大转矩 T_m

最大转矩 T_m 是电动机可能产生的最大电磁转矩,也叫临界转矩,它反映了电动机的过载能力。最大转矩的转差率 S_m 叫做临界转差率,见图 6-11。

把式(6.5)对 S 微分,并令 $\frac{dT}{dS} = 0$,得:

$$s = s_m = \frac{R_2}{X_{20}} \tag{6.7}$$

将式(6.7)代入式(6.5)得:

$$T_m = K'_T \frac{U_1^2}{2X_{20}} \tag{6.8}$$

转子轴上机械负载转矩 T_2 不能大于 T_m,否则将造成堵转(停车)。最大转矩 T_m 与额定转矩 T_N 之比称为电动机的过载系数 λ,即:

$$\lambda = T_m / T_N$$

一般三相异步的过载系数在 2.0~2.2 之间。

在选用电动机时,必须考虑可能出现的最大负载转矩,而后根据所选电动机的过载系数算出电动机的最大转矩,它必须大于最大负载转矩。否则,就要重选电动机。

3. 启动转矩 T_{st}

启动转矩 T_{st} 为电动机启动初始瞬间的转矩，即 $n=0$，$S=1$ 时的转矩。

将 $S=1$ 代入式（6.5）得：

$$T_{st} = K \frac{R_2 U_1^2}{R_2^2 + X_{20}^2} \tag{6.9}$$

电动机的启动能力可用系数 K_{st} 描述，即

$$K_{st} = \frac{T_{st}}{T_N}$$

为确保电动机能够带额定负载启动，必须满足：$T_{st} > T_N$，否则不能启动。一般的三相异步电动机有 $T_{st}/T_N = 1.4 \sim 2.2$。

【例 6-2】 今有一台三相鼠笼式异步电动机，它有下列技术数据：$P_N = 22$ kW，$n_N = 1470$ r/min，$T_{st}/T_N = 1.4$，$T_m/T_N = 2.0$。试求这台电动机的额定转矩、启动转矩和最大转矩。

解 额定转矩

$$T_N = 9550 \frac{P_N}{n_N} = 9550 \times \frac{22}{1470} = 142.9 (\text{N} \cdot \text{m})$$

启动转矩

$$T_{st} = 1.4 T_N = 1.4 \times 142.9 = 200 (\text{N} \cdot \text{m})$$

最大转矩

$$T_m = 2.0 T_N = 2.0 \times 142.9 = 285.8 (\text{N} \cdot \text{m})$$

本节思考题

1. 电动机的电磁转矩与哪些量有关？
2. 当电源电压波动时，电动机的电磁转矩是否随之变化？为什么？

6.3 三相异步电动机的铭牌

要正确使用电动机，必须先看懂铭牌，因为铭牌上标有电动机额定运行时的主要技术数据。图 6-13 是 Y160M-4 型三相异步电动机的铭牌。

三相异步电动机		
型号 Y160M-4	功率 11 kW	频率 50 Hz
电压 380 V	电流 22.6 A	接法 △
转速 1440 r/min	温升 75℃	绝缘等级 B
防护等级 IP44	重量 120 kg	工作方式 S_1
年　月	编号	××电机厂

图 6-13 Y160M-4 型三相异步电动机的铭牌

1. 型号

电动机的型号一般采用大写印刷体的汉语拼音字母和阿拉伯数字组成。其中汉语拼音字母是根据电动机的全名称选择有代表意义的汉字，再用该汉字的第一个拼音字母组成。该铭牌中 Y160M-4 的含义如下：

其中:Y——异步电动机;

160——机座中心高为 160 mm;

M——中号机座(S 为短号机座;L 为长号机座);

4——磁极数为 4(磁极对数 $p=2$)。

2. 额定频率

我国电网频率为 50 Hz,故国内异步电动机的频率均为 50 Hz。额定频率用 f_N 表示。

3. 额定功率

电动机铭牌上的功率是指电动机的额定功率,也称容量。它表示电动机运行于额定状况时电动机轴上输出的机械功率。定子绕组的输入功率扣除电动机的各种损耗,余下的就是轴上输出的机械功率。额定功率通常用 P_N 表示,单位为千瓦(kW)。

4. 额定电压

电动机铭牌上的电压是指电动机的额定电压,它表示电动机运行于额定状况时定子绕组应加的线电压。额定电压通常用 U_N 表示,单位为伏(V)。

5. 额定电流

电动机铭牌上的电流是指电动机的额定电流,它表示电动机运行于额定状况时定子绕组中的线电流。该铭牌中 Y160M-4 型电动机在额定电压 380 V、△接法、频率为 50 Hz、输出额定功率 11 kW 运行时,定于绕组的线电流为 22.6 A。额定电流通常用 I_N 表示,单位为伏(A)。

6. 额定转速

电动机铭牌上的转速是指电动机运行于额定状况时的转速,即额定转速,常用 n_N 表示,单位为 r/min。由于额定转速接近于同步转速,故从 n_N 可判断出电动机的磁极对数。例如,电动机额定转速为 1440 r/min,则其磁极对数 $p=2$。

7. 接法

电动机定子绕组有星形(Y)连接和三角形连接(△)两种接法。该铭牌实例中所标的"380 V、接法△"表示该电动机定子绕组为三角形接法,应加的电源线电压为 380 V。目前,我国生产的异步电动机如不特殊订货,额定电压均为 380 V。额定功率小于 3 kW 的电动机,其定子绕组都是 Y 接法,其余均为△接法。

8. 温升

电动机在运行过程中产生的各种损耗转化成热量,致使电动机绕组温度升高。铭牌上的温升是指电动机运行时,其温度高出环境温度的允许值。我国规定的标准环境温度为 40℃。

9. 绝缘等级

绝缘等级是按电动机绕组所用的绝缘材料容许的最高允许温度分级的。常用绝缘材料的等级及其最高允许温度如表 6-1 所示。

表 6-1 常用绝缘材料的等级及其最高允许温度

绝缘等级	A 级	E 级	B 级	F 级	H 级
最高允许温度(℃)	105	120	130	155	180

10. 防护等级

电动机工作时,需要防护,以免灰尘、固体物和水滴进入电动机。铭牌上的防护等级是指电动机外壳形式的分级,IP是"国际防护"的英文缩写。该铭牌上 IP44 表示该电动机的机壳防护为封闭式,第一位"4"是指防止直径大于 1 mm 的固体异物进入,第二位"4"是防止水滴溅入。

11. 工作方式

电动机铭牌上的工作方式主要分为连续工作制(S_1)、短时工作制(S_2)、断续工作制(S_3)三种。连续工作制表示电动机可按铭牌上给出的额定功率长期连续运行,拖动通风机、水泵等生产机械的电动机常为连续工作方式。短时工作制表示电动机每次只允许在规定的时间内按额定功率运行,运行时间短,停歇时间长,如果连续使用则会使电动机过热。拖动水闸闸门电动机常为短时工作方式。断续工作制表示电动机的运行与停歇交替进行,起重机械、电梯、机床等均属断续工作方式。

▌ 本节思考题

1. 电动机的额定功率是指输出机械功率,还是输入电功率?

2. 额定电压是指线电压,还是相电压? 额定电流是指线电流,还是相电流?

3. 一台三相鼠笼型异步电动机,铭牌上标有 380/220 V,Y/△字样,如将它接在线电压为 380 V 电源上,应怎样连接? 如接在线电压为 220 V 电源上,又该如何连接?

6.4　三相异步电动机的运行方式

能力知识点 1　三相异步电动机的启动

电动机通电,转速由零开始增大,直至稳定运行状态的过程,称为启动过程。对电动机启动的要求是:启动电流小,启动转矩大,启动时间短。

三相异步电动机在启动开始瞬间,转速 $n=0$,转差率 $S=1$,此时旋转磁场与静止的转子之间有着很大的相对转速,磁力线切割转子导体的速度很快,因而转子绕组感应出来的电动势和电流都很大。与变压器相同,转子电流增大,定子电流也必然相应增大,启动电流约为额定电流的 $5\sim7$ 倍。电动机启动后,转速很快升高上去,电流便很快减少下来。

三相异步电动机的启动电流虽然很大,但因启动过程时间很短,一般不会引电动机起过热或损坏,除非频繁启动。但是,过大的启动电流会引起供电线路上电压的下降,影响接在同一供电线路上的其他用电设备的正常工作。

启动电流大,但启动转矩并不大。如果启动转矩太小,则会延长启动时间,甚至不能带负载启动。比如,起重用的电动机就要求采用启动转矩大的异步电动机。

综上所述,三相异步电动机启动时的主要缺点是启动电流大。为了减小启动电流,必须采用适当的启动方法。

鼠笼式是三相异步电动机的启动方法分为直接启动(全压启动)和降压启动两种。

1. 直接启动

直接将电动机接入三相供电线路,在定子三相绕组加额定电压的启动方法,称为直接启动。其优点是设备简单、操作便利、启动过程短,但启动电流大。

如果一台三相异步电动机的启动电流在供电线路上引起的电压损失是在允许的范围内,

不会明显影响同一线路上其他电器设备的正常工作,那么这台三相异步电动机就可以直接启动。一般二、三十千瓦以下的异步电动机都可以直接启动。

📖 小知识

三相异步电动机电子电路的三根电源线,如果断了一根(例如该相电压的熔断器已熔断),就相当于单相异步电动机。出现这种结果有如下两种情况:

(1)启动时断了一根线。此时,三相异步电动机处于单相启动状态,因启动转矩为零而不能启动,只能听到嗡嗡声,这时转子和定子电流很大,时间长了,也会使电动机烧坏。

(2)工作时断了一根线。此时,三相异步电动机处于单相运行过状态,相当于一台已经转起来的单相异步电动机(关于单相异步电动机的内容下文有简单介绍),此时电动机仍将继续转动。若此时还带动额定负载,则势必超过额定电流,时间一长,会使电机烧坏。这种情况往往不易察觉,在使用电动机时必须注意。

以上两种情况,电动机均会过热而遭到损坏。为避免发生单相启动和单相运行,最好给三相异步电动机配备"缺相保护"器。如果电源线断路,保护装置立即切断电源,并发出缺相信号。

2. 降压启动

降压启动,就是在启动时降低加在定子绕组上的电压,以减小启动电流。鼠笼式三相异步电动机的降压启动常采用以下几种方法:

(1)星形—三角形(Y—△)换接降压启动。对正常运行时定子绕组接成三角形的鼠笼式异步电动机,在启动时,先把定子三相绕组接成星形,待启动后转速接近额定转速时,再将定子绕组换接成三角形。Y—△换接降压启动线路如图 6-14 所示。Y—△换接降压启动时的启动电流如图 6-15 所示。

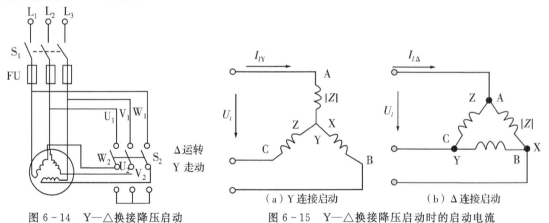

图 6-14 Y—△换接降压启动   图 6-15 Y—△换接降压启动时的启动电流

设定子每相绕组的等效阻抗为|Z|,当绕组为星形连接时,其启动电流

$$I_{lY} = \frac{U_{PY}}{|Z|} = \frac{U_l/\sqrt{3}}{|Z|} = \frac{U_l}{\sqrt{3}\,|Z|}$$

当绕组为三角形连接时,其启动电流

$$I_{l\triangle} = \sqrt{3}\,I_{P\triangle} = \sqrt{3}\,\frac{U_l}{|Z|}$$

两种接法的启动电流之比为

$$\frac{I_{lY}}{I_{l\triangle}} = \frac{\dfrac{U_l}{\sqrt{3}\mid Z\mid}}{\sqrt{3}\dfrac{U_l}{\mid Z\mid}} \tag{6.10}$$

即 Y—△换接降压启动时的启动电流为直接启动时的 1/3。

　　由于电动机转矩与电源电压的平方成正比，接成星形启动时，定子绕组相电压只有三角形连接时 $1/\sqrt{3}$，所以启动转矩也降低，只有直接启动时的 1/3。

$$T_{stY} = \frac{1}{3}T_{st\triangle} \tag{6.11}$$

　　因此 Y—△ 换接启动适用于空载或轻载启动的场合。电动机采 Y—△换接降压启动时，应当先空载或轻载启动，然后加上负载，电动机进入正常工作状态。

　　(2)自耦变压器降压启动。自耦变压器降压启动是利用三相自耦变压器将电动机在启动过程中的端电压降低。如图 6-16 所示，启动前把开关 Q 合到电源上。启动时，先把开关 Q_2 向下扳到"启动"位置，电动机定子绕组便接到自耦变压器的副边，于是电动机就在低于电源电压的条件下启动。当转速接近额定值时，将开关 Q_2 向上扳向"工作"位置，切除自耦变压器，使电动机的定子绕组在额定电压下运行。

　　自耦变压器降压启动适用于容量较大的或正常运行时连接成 Y 形不能采用 Y—△启动的鼠笼式异步电动机。

　　采用自耦变压器降压启动，也同时能使启动电流和启动转矩减小。自耦变压器降压启动线路如图 6-16 所示。

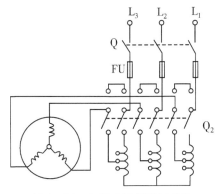

图 6-16　自耦变压器降压启动

　　【例 6-3】　一台 Y225M-4 型的三相异步电动机，定子绕组为△连接，其额定数据为：$P_{2N}=45$ kW，$n_N=1480$ r/min，$U_N=380$ V，$\eta_N=92.3\%$，$\cos\varphi_N=0.88$，$I_{st}/I_N=7.0$，$T_{st}/T_N=1.9$，$T_m/T_N=2.2$。

　　求：(1)额定电流 I_N；

　　(2)额定转差率 s_N；

　　(3)额定转矩 T_N、最大转矩 T_m、启动转矩 T_N；

　　(4)采用 Y—△换接启动时，求启动电流和启动转矩；

　　(5)采用 Y—△ 换接启动，当负载转矩为启动转矩的 80% 和 50% 时，电动机能否启动？

解 (1)由 $P_{1N}=\sqrt{3}U_N I_N\cos\varphi_N$ 和 $\eta_N=P_{2N}/P_{1N}$ 得

$$I_N=\frac{P_{2N}\times10^3}{\sqrt{3}U_N\cos\varphi_N\eta_N}=\frac{45\times10^3}{\sqrt{3}\times380\times0.88\times0.923}=84.2(\text{A})$$

(2)由 $n_N=1480$ r/min,可知 $p=2$(四极电动机),$n_1=1500$ r/min

$$S_N=\frac{n_1-n_N}{n_1}=\frac{1500-1480}{1500}=0.013$$

(3)额定转矩 $\quad T_N=9550\dfrac{P_{2N}}{n_N}=9550\times\dfrac{45}{1480}=290.4(\text{N}\cdot\text{m})$

最大转矩 $\quad T_m=\left(\dfrac{T_m}{T_N}\right)T_N=2.2\times290.4=638.9(\text{N}\cdot\text{m})$

启动转矩 $\quad T_{st}=\left(\dfrac{T_{st}}{T_N}\right)T_N=1.9\times290.4=551.8(\text{N}\cdot\text{m})$

(4)启动电流 $\quad I_{st\triangle}=7I_N=7\times84.2=589.4(\text{A})$

$$I_{stY}=\frac{1}{3}I_{st\triangle}=\frac{1}{3}\times598.4=196.5(\text{A})$$

启动转矩 $\quad T_{stY}=\dfrac{1}{3}T_{st\triangle}=\dfrac{1}{3}\times551.8=183.9(\text{N}\cdot\text{m})$

(5)当负载转矩为启动转矩的 80% 时

$$\frac{T_{stY}}{T_N\times80\%}=\frac{183.9}{290.4\times80\%}=\frac{183.9}{232.3}<1,\text{不能启动}$$

当负载转矩为启动转矩的 50% 时

$$\frac{T_{stY}}{T_N\times50\%}=\frac{183.9}{290.4\times50\%}=\frac{183.9}{145.2}>1,\text{可以启动}$$

能力知识点 2 三相异步电动机的调速

调速就是在同一负载下能得到不同的转速,以满足生产过程的要求。

由公式 $$S=\frac{n_1-n}{n_1}$$

可得 $$n=(1-S)n_1=(1-S)\frac{60f}{p}$$

可见,可通过三个途径进行调速:改变电源频率 f,改变磁极对数 p,改变转差率 S。其中,前两个是鼠笼式电动机的调速方法,改变转差率的调速方法只适用绕线式异步电动机(在此不作探讨)。

1.变频调速(无级调速)

变频调速的原理框图如图 6-17 所示。变频调速装置主要由整流器和逆变器两部分组成。整流器先将频率 f 为 50 Hz 的三相交流电压变换为直流电压,然后再由逆变器将直流电压变换为频率 f_1 和电压有效值 U_1 都可调的三相交流电压,供给鼠笼式三相电动机。由此可实现电动机的调速。

变频调速方法可以实现无级平滑调速,调速性能优异,是三相异步电动机最理想的调速方法,正获得越来越广泛的应用。但须有专门的变频装置,该设备复杂,成本较高。

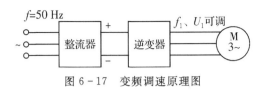

图 6-17　变频调速原理图

小知识

变频空调中都装有变频器,这个变频控制器是如何工作的呢?压缩机是空调的心脏,其转速直接影响到空调的使用效率,变频器就是用来控制和调整压缩机转速的控制系统。国内规定的电压 220 V、频率 50 Hz 的电流经整流滤波后得到 310 V 左右的直流电,此直流电经过逆变后,就可以得到用以控制压缩机运转的变频电源,这就能将 50 Hz 的电网频率转变为 30~130 Hz。通过改变电源频率,使压缩机始终处于最佳的转速状态,从而提高能效比(一般能比常规的空调节能 20%~30%)。

2.变极调速(有级调速)

改变电动机定子每相绕组之间连接方法可以改变磁极对数 p,从而改变电动机的转速。

常用普通电动机的磁极对数已经固定,不能再用改变极对数的方法进行调速。为了调速,制造厂有专门制造的双速及多速鼠笼式异步电动机。由于磁极数只能成对改变,调速时其转速呈跳跃性变化,因而只用在对调速性能要求不高的场合,如铣床、镗床、磨床等机床上使用。

能力知识点3　三相异步电动机的制动

制动是给电动机一个与转动方向相反的制动转矩,促使它在断开电源后很快地减速或停转。

下面主要介绍常用的反接制动和能耗制动。

1.反接制动

反接制动的原理如图 6-18(a)、(b)所示。停车时,将开关向下扳到"制动"位置,使接入电动机的三相电源线中的两相对调,于是电动机定子产生一个与转子转动方向相反的旋转磁场,而电动机转子由于惯性仍按原方向转动。由图 6-18(b)可见,这时转矩方向与电动机转动方向相反,使转子迅速停止转动。

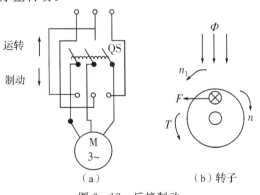

图 6-18　反接制动

当电动机接近停止转动时,应迅速切断电源,否则电动机将反向旋转。当电动机速度接近零时,可速度继电器将三相电源自动切断。

反接制动时,反向旋转磁场与正向转动的转子之间的相对转速($n_1 + n$)很大,因而电流也大。为了限制电流,对功率较大的电动机进行制动时必须在定子电路(鼠笼式)或转子电路(绕线式)中接入电阻。

这种制动方法比较简单,制动力强,效果较好,但制动过程中的冲击也强烈,易损坏传动器件,且能量消耗较大,频繁反接制动会使电动机过热。对有些中型车床和铣床的主轴的制动采用这种制动方法。

2. 能耗制动

能耗制动的原理如图 6-19(a)、(b)所示。拉下开关 QS 时,电动机定子绕组脱离三相电源,定子旋转磁场消失,同时立即把开关扳向直流电源,使直流电流通入定子绕组,于是在电动机中便产生一个方向恒定的磁场。由于惯性转子继续在原方向转动,转子导体切割磁力线而产生感应电流。根据右手定则和左手定则可知,转子感应电流和直流磁场相互作用产生的制动转矩的方向总是与电动机的转动方向相反。

制动转矩的大小与直流电流的大小有关,可根据需要进行调节,直流电流的大小一般为电动机额定电流的 $0.5 \sim 1$ 倍,不能大于定子绕组的额定电流,否则会烧坏定子绕组。

由于这种方法是用消耗转子的动能(转换为电能)来进行制动的,所以称为能耗制动。这种制动能量消耗小,制动准确而平稳,无冲击,但需要直流电流。在有些机床中采用这种制动方法。

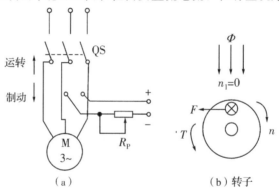

图 6-19 能耗制动

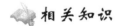

1. 单相异步电动机

单相异步电动机主要应用于电动工具、洗衣机、电冰箱、空调、电风扇等小功率电器中。单相异步电动机的定子中放置单相绕组,转子一般用鼠笼式。图 6-20 为吊扇头,电机被封闭在内部。

图 6-21 所示单相异步电动机原理图。为定子绕组中通入单相交流电后,形成一个方向固定的、大小按正弦变化的脉动磁场,根据右手螺旋定则和左手定则,可知转子绕组中左、右受力大

图 6-20 吊扇头

小相等方向相反,所以没有启动转矩。若要使单相异步电动机启动起来,就必须采取措施,使定子中产生旋转磁场,从而使转子获得启动转矩。

(1)电容分相式启动。图6-22所示为电容分相式异步电动机的结构示意图。定子中放置有两个绕组,一个是工作绕组 A—A′,另一个是起动绕组 B—B′,两个绕组在空间相隔90°。启动时,B—B′绕组经电容接电源,两个绕组的电流相位相差近90°,从而产生旋转磁场。于是,电动机获得启动转矩便可以转动起来。

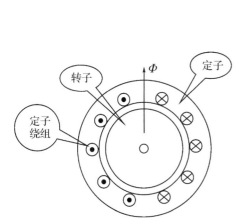

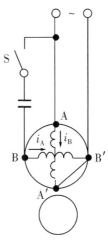

图6-21 单相异步电动机原理图　　　图6-22 电容分相式异步电动机的结构示意图

常用的启动方法有:电容分相式启动和罩极式启动。

电动机转动起来后,启动绕组可以留在电路中,如图6-23所示,按这种方式设计的电动机称为电容运转电动机;也可以利用离心式开关把启动绕组从电路中切断,如图6-24所示,按这种方式设计的电动机称为电容启动式电动机。

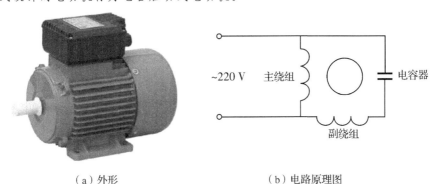

(a)外形　　　　　　　　　(b)电路原理图

图6-23 电容运转式电动机

(2)罩极式启动。图6-25所示为罩极式启动单相异步电动机。当电流 i 流过定子绕组时,产生了一部分磁通1,同时产生的另一部分磁通与短路环作用生成了磁通2。由于短路环中感应电流的阻碍作用,使得2在相位上落后1,从而在电动机定子极掌上形成一个向短路环方向移动的磁场,使转子获得所需的启动转矩。

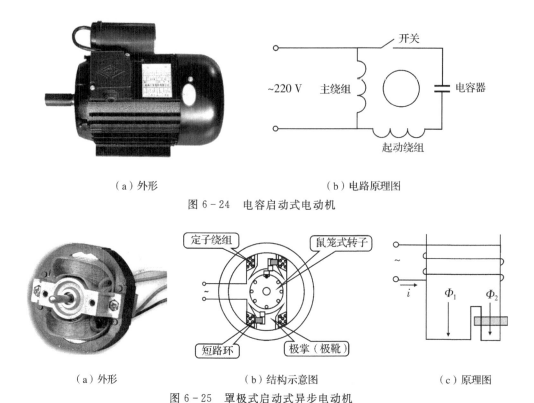

（a）外形 　　　　　　　　（b）电路原理图

图 6-24　电容启动式电动机

（a）外形　　　　（b）结构示意图　　　　（c）原理图

图 6-25　罩极式启动式异步电动机

本节思考题

1. 三相异步电动机在启动瞬间,为什么定子电流很大?

2. 为了限制启动电流,常用的降压启动有哪几种方法?

3. 在什么情况下使用 Y-△ 换接降压启动的方法?

4. 三相异步电动机如何调速?

5. 三相异步电动机如何制动?

6.5　三相异步电动机的控制

能力知识点 1　常用控制电器

常用的低压控制电器,类型繁多,可分为手动电器和自动电器。手动电器是由操作人员用手控制的,例如刀开关、点火开关等;自动电器则是按照指令、信号或物理量(例如电压、电流以及生产机械运动部件的速度、行程和时间等)的变化自动动作的,例如各种继电器、接触器等。

1. 手动电器

(1)刀开关。刀开关又叫闸刀开关,一般用于不频繁操作的低压电路中,用作接通和切断电源,有时也用来控制小容量电动机的直接启动与停机。

塑壳刀开关的结构如图 6-26 所示。刀开关的瓷底座上装有进线座、静触头、熔体、出线座和带瓷制手柄的刀式动触头,上面盖有胶盖,以防止人员操作时触及带电体或开关分断时产生的电弧飞出伤人。

刀开关的种类很多;按极数(刀片数)分为单极、双极和三极;按结构分为平板式和条架式;按操作方式分为直接手柄操作式、杠杆操作机构式和电动操作机构式;按转换方向分为单投和双投等。

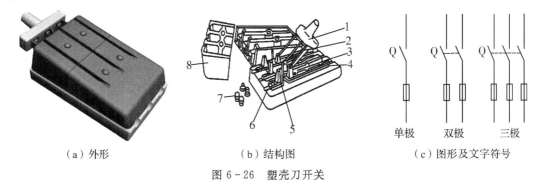

（a）外形　　　　　　　（b）结构图　　　　　（c）图形及文字符号

图 6-26　塑壳刀开关

1—瓷柄;2—动触头;3—出线座;4—瓷底座;5—静触头;6—进线座;7—胶盖紧固螺钉;8—胶盖

刀开关一般与熔断器串联使用,以便在短路或过负荷时熔断器熔断而自动切断电路。考虑到电动机较大的启动电流,刀闸的额定电流值应为异步电机额定电流 3～5 倍。

安装刀开关时要注意:垂直安装,手柄位置上合下断,不准平装、倒装,防止发生误合闸事故;接线时应把电源进线接在静触头一边的进线座,负载接在动触头一边的出线端;应检查闸刀与静插座接触是否良好。

(2)铁壳开关。铁壳开关又称闭式负荷开关。它是在闸刀开关基础上改进设计的一种开关。如图 6-27 所示,为铁壳开关的结构及外形。在铁壳开关的手柄转轴与底座之间装有一个速断弹簧,用钩子扣在转轴上,当扳动手柄分闸或合闸时,开始阶段 U 形双刀片并不移动,只拉伸了弹簧,贮存了能量,当转轴转到一定角度时,弹簧力就使 U 形双刀片快速从夹座拉开或将刀片迅速嵌入夹座,电弧被很快熄灭。铁壳开关上装有机械联锁装置,当箱盖打开时,不能合闸;闸刀合闸后箱盖不能打开。

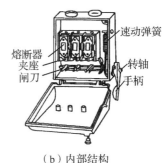

熔断器
夹座
闸刀

速动弹簧
转轴
手柄

（a）外形　　　　　　　（b）内部结构

图 6-27　铁壳开关

(3)按钮。按钮常用于接通、断开控制电路,它的结构和电路符号如图 6-28 所示。

按钮上的触点分为常开触点和常闭触点,由于按钮的结构特点,按钮只起发出"接通"和"断开"信号的作用。

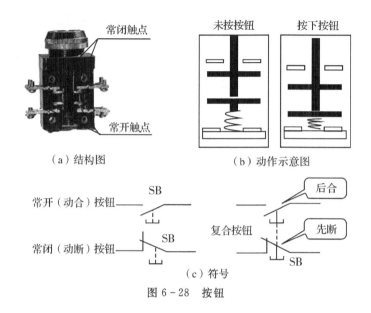

（a）结构图　　　　　　　　（b）动作示意图

图 6-28　按钮

选用按钮时要注意：

①根据使用场合和具体用途选择按钮的种类。

②根据工作状态指示和工作情况要求，选择按钮或指示灯的颜色。例如,启动按钮可选用白、灰或黑色,优先选用白色,可选用绿色;急停按钮应选用红色;停止按钮可选用黑、灰或白色,优先选用黑色,也可选红色。

③根据控制回路的需要选择按钮的数量。如单联钮、双联钮和三联钮等。

（4）组合开关。组合开关又称转换开关,其操作较灵巧,靠动触片的左右旋转来代替闸刀开关的推合与拉开。如图 6-29 所示为组合开关的外形、结构图形和文字符号。

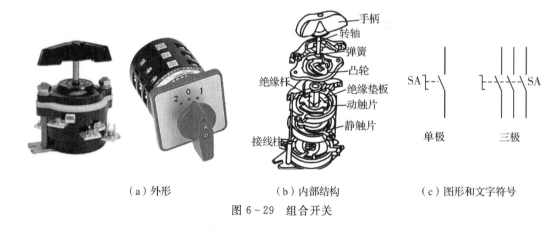

（a）外形　　　　　　　（b）内部结构　　　　　　（c）图形和文字符号

图 6-29　组合开关

（5）断路器。低压断路器又叫自动空气开关,是常用的电源开关,它不仅有引入电源和隔离电源的作用,又能自动进行失压、欠压、过载和短路保护。低压断路器的外形如图 6-30（a）所示,工作原理图如图 6-30（b）所示,图形及文字符号如图 6-30（c）所示。

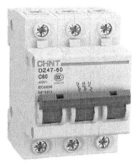

(a)外形

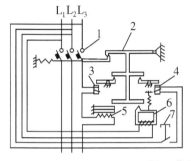

1—主触头；2—自由脱扣机构；

3—过电流脱扣器；4—分励脱扣器；

5—热脱扣器；6—欠电压脱扣器；

7—按钮

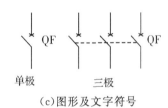

(b)工作原理图　　　　　　　　　　　(c)图形及文字符号

图6-30 低压断路器

　　低压断路器的主触头1是靠手动操作或自动合闸。主触头1闭合后，自由脱扣机构2将主触头锁在合闸位置上。过电流脱扣器3的线圈和电源并联。当电路发生短路或严重过载时，过电流脱扣器3的衔铁吸合，使自由脱扣机构2动作，主触头1断开主电路。当电路过载时，热脱扣器5的热元件发热使双金属片上弯曲，推动自由脱扣机构2动作。当电路欠电压时，欠电压脱扣器6的衔铁释放，也使自由脱扣机构动作。分励脱扣器4则作为远距离控制用，在正常工作时，其线圈是断电的。在需要远距离控制时，按下启动按钮7，使线圈得电，衔铁带动自由脱扣机构动作，使主触头断开。

　　低压断路器可用来分配电能、不频繁地启动异步电动机、对电动机及电源线路进行保护，当它们发生严重过载、短路或欠电压等故障时能自动切断电源，其功能相当于熔断式熔断器与过流、过压、热继电器等的组合，而且在分断故障电流后，一般不需要更换零部件。使用时要注意，断路器跳闸后，要及时查明原因，排除故障后再重新合闸。

📖 **小知识**

　　在日常生活中，如果线路中的断路器跳闸了，一定要及时查明其跳闸的原因，排除故障以后再重新合闸。不要在不明原因的情况下擅自合上断路器。

2.自动电器

　　(1)熔断器。熔断器是一种简单而有效的保护电器，在电路中主要起短路和严重过载保护作用。它串联在线路中，当线路或电气设备发生短路或严重过载时，熔断器中的熔体首先熔断，使线路或电气设备脱离电源，起到保护作用。

　　熔断器主要由熔体和安装熔体的绝缘管(或盖、座)等部分组成。其中熔体是主要部分，它既是感测元件又是执行元件。熔体是由不同金属材料(铅锡合金、锌、铜或银)制成丝状、带状、片状或笼状,串接于被保护电路。当电路发生短路或严重过载故障时,通过熔体的电流使其发热,当达到熔化温度时,熔体自行熔断,从而分断故障电路。熔断管一般由硬质纤维或瓷质绝缘材料制成半封闭式或封闭式管状外壳,熔体装于其中。熔断管的作用是便于安装熔体并作为熔体的外壳,在熔体熔断时兼有灭弧的作用。

熔断器的种类很多,按结构可分为半封闭插入式、螺旋式、无填料密封管式和有填料密封管式;按用途可分为一般工业用熔断器、半导体器件保护用快速熔断器和特殊熔断器(如具有两段保护特性的快慢动作熔断器、自复式熔断器)。常用的熔断器有以下几种。

①瓷插式熔断器(RC)。瓷插式熔断器如图6-31所示,常用于380 V及以下电压等级的电路末端,作为配电支线或电气设备的短路保护来使用。

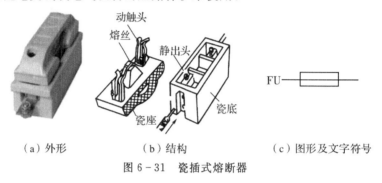

（a）外形　　　　（b）结构　　　　（c）图形及文字符号

图6-31　瓷插式熔断器

②螺旋式熔断器(RL)。螺旋式熔断器如图6-32所示。熔体上的上端盖有一熔断指示器,一旦熔体熔断,指示器马上弹出,可透过瓷帽上的玻璃孔观察到,它常用于机床电气控制设备中。螺旋式熔断器分断电流较大,可用于电压等级500 V及其以下、电流等级200 A以下的电路中,作短路保护。

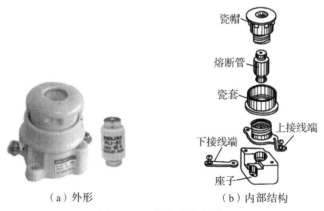

（a）外形　　　　　　（b）内部结构

图6-32　螺旋式熔断器

③封闭管式熔断器。

A. 无填料密封式(RM)。无填料密封式熔断器如图6-33(a)所示,多用于低压电网、成套配电设备的保护,型号有RM7、RM10系列等。

B. 有填料式(RT)。有填料式熔断器如图6-33(b)所示,熔管内装有SiO_2(石英砂),用于具有较大短路电流的电力输配电系统,常见型号为RT0系列。

④快速熔断器。快速熔断器如图 6-34 所示,主要用于硅整流管及其成套设备的保护,其特点是熔断时间短,动作快。常用型号有 RLS、RSO 系列等。

（a）无填料式熔断器　　　　（b）有填料式熔断器

图 6-33　封闭管式熔断器　　　　　　图 6-34　快速式熔断器

（2）交流接触器。接触器是一种可对交、直流主电路及大容量控制电路作频繁通、断控制的自动电磁式开关,它通过电磁力作用下的吸合和反力弹簧作用下的释放使触头闭合和分断,从而控制电路的通断。另外,它也可以实现失压、欠压释放保护功能,还可以实现远距离自动控制。

接触器分为直流和交流两类,作用原理基本相同,此处只讨论交流接触器。如图 6-35 所示是交流接触器的外形和结构图。接触器主要由电磁机构和触头两部分组成。其中,电磁机构包括线圈、铁芯和衔铁。触头系统中的主触头为常开触头,用于控制主电路的通断;辅助触头包括常开、常闭两种,用于控制电路,起电气联锁作用。其他部件还包括反作用弹簧、缓冲弹簧、触头压力弹簧、传动机构和外壳等。

如图 6-35（c）所示为接触器工作原理图。它是利用电磁铁的吸引力而动作的。当电磁线圈通电后,吸引山字形动铁芯(衔铁),而使常开触头闭合。

如图 6-35（d）所示为接触器的图形及文字符号。

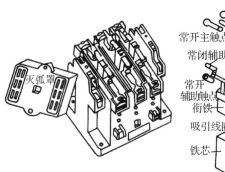

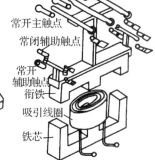

常开主触点
常闭辅助触点
常开辅助触点
衔铁
吸引线圈
铁芯
灭弧罩

（a）外形　　　　　　　　　　（b）内部结构

119

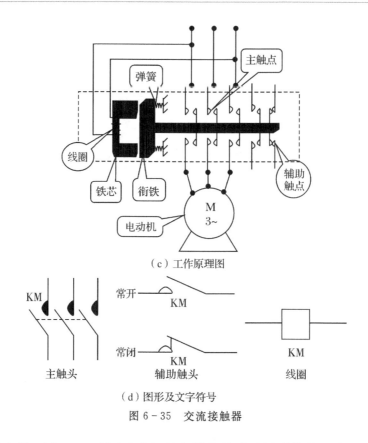

（c）工作原理图

（d）图形及文字符号

图 6-35　交流接触器

（3）中间继电器。图 6-36 所示为中间继电器的外形及图形符号。中间继电器的原理是将一个输入信号变成多个输出信号或将信号放大（即增大触头容量）的继电器。其实质是电压继电器，结构和工作原理与接触器相同。但它的触头数量较多（可达 8 对），触头额定电流较大（5～10 A）、动作灵敏。

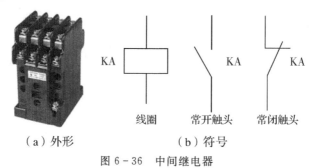

（a）外形　　　　　（b）符号

图 6-36　中间继电器

当其他电器的触头对数不够用时，可借助中间电器来扩展它们的触头数量；也可以实现触点通电容量的扩展。

（4）热继电器。在电力拖动控制系统中，热继电器是对电动机在长时间连续运行过程中过载及断相起保护作用的电器。

热继电器由双金属片、发热元件、动作机构、触头系统、整定调整装置和手动复位装置组成，如图 6-37(a)和图 6-37(b)所示。热继电器的常开触头用于电动机过载的报警，常闭触头用于切断电动机控制电路,防止电动机过热而损坏。

热继电器工作原理如图6-37(c)所示,电动机工作运行时,电动机绕组电流流过与之串接的热元件。热继电器的图形及文字符号如图6-37(d)所示。

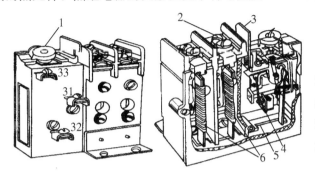

1—电流整定装置;2—主电路接线柱;

3—复位按钮;4—常闭触头;

5—动作机构;6—热元件;

31—常闭触头接线柱;32—公共触头接线柱;

33—常开触头接线柱

(a)两相式热继电器

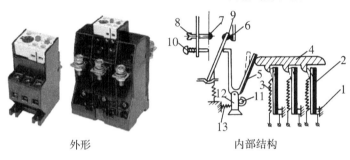

1—接线端子;2—主双金属片;

3—热元件;4—推动导板;

5—补偿双金属片;6—常闭触头;

7—常开触头;8—复位调节螺钉;

9—动触头;10—复位按钮;

11—偏心轮;12—支撑件;

13—弹簧

外形　　　　　　　内部结构

(b)三相式热继电器

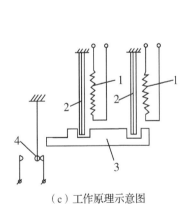

(c)工作原理示意图

1—热原件;2—双金属;3—导板;4—触头

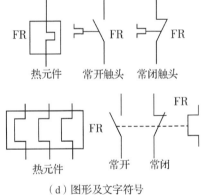

(d)图形及文字符号

图6-37 热继电器

能力知识点2 三相异步电动机的基本控制电路

1.鼠笼式三相异步电动机直接启动的控制电路

(1)连续运转控制电路。

①连续运转控制电路的组成。连续运转控制电路的原理图如图 6-38 所示。连续运转控制电路可分为主电路和控制电路两部分。主电路是由三相电源（L_1、L_2、L_3）、刀开关 QS、熔断器 FU、接触器 KM 的主触头、热继电器 FR 的发热元件和电动机 M 组成。控制电路是由按钮停止按钮 SB_1、启动按钮 SB_2、热继电器 FR 的常闭触头、接触器 KM 的线圈及常开辅助触头组成。

②连续运转控制电路的工作原理。

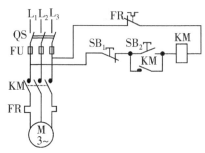

启动：合上刀开关 QS，按下启动按钮 SB_2，接触器 KM 线圈通电，串联在主电路中接触器 KM 的主触头持续闭合，同时与 SB_2 并联的 KM 的辅助触头闭合，以保证松开按钮 SB_2 后 KM 线圈持续通电，电动机连续运转，从而实现连续运转控制。该电路中 KM 的辅助触头起到了自锁作用，故称为自锁触头。

图 6-38　连续运转控制电路的原理图

停止：按下停止按钮 SB_1，接触器 KM 线圈断电，串联在主电路中接触器 KM 的主触头断开，电动机停转，同时与 SB_2 并联的 KM 的辅助常开触头断开，解除自锁，以保证松开按钮 SB_1 后 KM 线圈持续失电。

 小技巧

可以用电器元件动作程序图法来表示电路元件的动作次序。其中"↑"表示接触器线圈通电励磁，"↓"表示线圈断电失磁，"+"表示触头闭合，"-"表示触头断开。

启动：

$$合上 QS，按 SB_2 \longrightarrow 接触器线圈 KM↑ \longrightarrow \begin{vmatrix} \longrightarrow 主触头 KM^+ \longrightarrow 电动机 M 启动 \\ \longrightarrow 辅助触头 KM^+ \longrightarrow 实现自锁 \end{vmatrix}$$

停止：

$$按 SB_1 \longrightarrow 接触器线圈 KM↓ \longrightarrow \begin{vmatrix} \longrightarrow 主触头 KM^- \longrightarrow 电动机 M 停止转动 \\ \longrightarrow 辅助触头 KM^- \longrightarrow 解除自锁 \end{vmatrix}$$

③连续运转控制电路元器件作用。连续运转控制电路除具有对电动机的启、停控制功能外，还具有短路保护、过载保护、失压和欠压保护作用。

起短路保护的是串接在主电路中的熔断器 FU。一旦电路发生短路故障，熔体立即熔断，电动机立即停转。

起过载保护的是热继电器 FR。当过载时，热继电器的发热元件发热，将其常闭触头断开，使接触器 KM 线圈断电，串联在电动机回路中接触器 KM 的主触头断开，电动机停转。同时接触器 KM 辅助触头也断开，解除自锁。故障排除后若要重新启动，需按下热继电器 FR 的复位按钮，使热继电器 FR 的常闭触头复位（闭合）即可。

起失压和欠压保护的是接触器 KM。当电源暂时断电或电压严重下降时，接触器 KM 线圈的电磁吸力不足，衔铁自行释放，使其主触头和辅助触头自行复位，切断电源，电动机停转，同时解除自锁。当电源电压恢复时，如不重新按下启动按钮，电动机就不会自行转动，避免发生事故。

（2）点动控制电路。将图6-38中的接触器KM的辅助触头去掉后,变成图6-39所示的电路。按下按钮SB电动机就得电运转,松开按钮SB电动机就失电停转,这种控制方法称为点动控制。点动控制主要应用于设备的对刀以及设备调试。

控制过程如下：

合上QS→按住SB→KM线圈得电→KM土触头闭合→电动机M启动。

松开SB→KM线圈失电→KM主触头断开→电动机M停转。

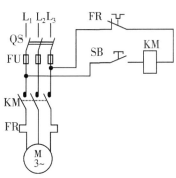

图6-39　点动控制线路的工作原理图

2.鼠笼式三相异步电动机正反转的控制电路

（1）简单的正反转控制电路。如图6-40所示为简单的正反转控制电路,其控制过程如下：

①正向启动过程。按下启动按钮SB_1,接触器KM_1线圈通电,与SB_1并联的KM_1的常开辅助触头闭合,以保证KM_1线圈持续通电,串联在主电路中的KM_1的主触头持续闭合,电动机连续正向运转。

②停止过程。按下停止按钮SB_3,接触器KM_1线圈断电,与SB_1并联的KM_1的辅助触头断开,以保证KM_1线圈持续失电,串联在电动机回路中的KM_1的主触头持续断开,切断电动机定子电源,电动机停止转动。

③反向启动过程。按下启动按钮SB_2,接触器KM_2线圈通电,与SB_2并联的KM_2的辅助常开触头闭合,以保证线圈持续通电,串联在主电路中的KM_2的主触头持续闭合,电动机连续反向运转。

该电路存在以下缺陷：因为KM_1和KM_2线圈是不能同时通电的,所以不能同时按下SB_1和SB_2,也不能在电动机正转时按下反转启动按钮,或在电动机反转时按下正转启动按钮。如果操作错误,将引起主回路电源短路。

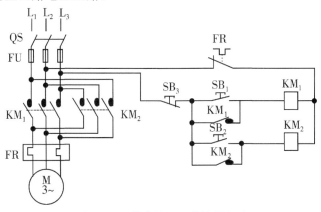

图6-40　简单的正反转控制电路

（2）带电气互锁的正反转控制电路。如图6-41所示为带电气互锁的正反转控制电路。从电路图中可以看出：将接触器KM_1的辅助常闭触头串入KM_2的线圈回路中,从而保证在KM_1线圈通电时KM_2线圈回路总是断开的;同理,将接触器KM_2的辅助常闭触头串入KM_1

的线圈回路中,从而保证在 KM$_2$ 线圈通电时 KM$_1$ 线圈回路总是断开的。这样接触器的辅助常闭触头 KM$_1$ 和 KM$_2$ 保证了两个接触器线圈不能同时通电,这种控制方式称为电气互锁或者联锁,这两个辅助常开触头称为互锁或者联锁触头。

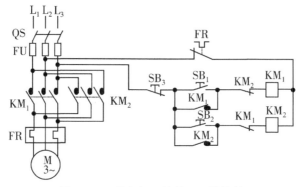

图 6-41 带电气互锁的正反转控制

用电器元件动作程序图法表示带电气互锁的正反转控制电路的动作次序如下:
①正转启动:

合上 QS,　接触器线圈　┃→常开主触头 KM$_1^+$　　　　　　　　　┃→电动机 M 通电,正转启动
按下 SB$_1$　　KM$_1$↑　　┃→常用辅助触头 KM$_1^+$,自锁──┃
　　　　　　　　　　　　　　┃→常闭辅助触头 KM$_1^-$→切断 KM$_2$ 线圈的励磁电路,实现互锁

②反转启动:

先按下 SB$_3$ ──→ 接触器线圈　┃→常开主触头 KM$_1^-$　　　　　　　　　┃→电动机 M 断电停转
　　　　　　　　　　KM$_1$↓　　┃→常用辅助触头 KM$_1^-$,解除自锁──┃
　　　　　　　　　　　　　　　　┃→常闭辅助触头 KM$_1^+$→为 KM$_2$ 线圈通电做好准备

再按下 SB$_2$ ──→ 接触器线圈　┃→常开主触头 KM$_2^+$　　　　　　　　　┃→电动机 M 通电,反向启动运转
　　　　　　　　　　KM$_2$↑　　┃→常用辅助触头 KM$_2^+$,自锁──┃
　　　　　　　　　　　　　　　　┃→常闭辅助触头 KM$_2^-$→切断 KM$_1$ 线圈的励磁电路,实现互锁

该控制电路存在以下缺陷:若电动机处于正转状态需要反转时,必须先按停止按钮 SB$_3$,使互锁触头 KM$_1$ 闭合后,再按下反转启动按钮 SB$_2$,才能使电动机反转;同理,若电动机处于反转状态需要正转时,必须先按停止按钮 SB$_3$,使互锁触点 KM$_2$ 闭合后,再按下正转启动按钮 SB1 才能使电动机正转。

(3)同时具有电气互锁和机械互锁的正反转控制电路。如图 6-42 所示为同时具有电气互锁和机械互锁的正反转控制电路。从电路图可以看出:采用复式按钮,将 SB$_1$ 按钮的常闭触头串接在 KM$_2$ 的线圈电路中;将 SB$_2$ 的常闭触头串接在 KM$_1$ 的线圈电路中。这样,正转运行的电动机需要反转时,只要按下反转启动按钮 SB$_2$,在 KM$_2$ 线圈通电之前就首先使 KM$_1$ 线圈断电,从而保证 KM$_1$ 和 KM$_2$ 不同时通电;从反转到正转的情况也是一样。这种由机械按钮实现的互锁也叫机械互锁。该电路的控制过程请读者自己分析。

◢ 本节思考题

1.画出以下常用控制电器的符号:①常开按钮和常闭按钮;②交流接触器的线圈、主触头、常开触头和常闭触头;③热继电器的发热元件和常闭触头。

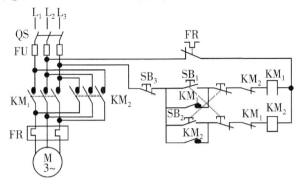

图6-42 同时具有电气互锁和机械互锁的正反转控制电路

2.断路器在线路中有哪些保护作用?

3.简述三相异步电动机连续运转控制电路的工作原理。

4.三相异步电动机连续运转控制电路中各元件分别有什么作用?

5.简述三相异步电动机带电气互锁的正反转控制电路的工作原理。

6.用电器元件动作程序图法分析同时具有机械互锁和电气互锁的正反转控制过程。

 本章小结

异步电动机是工业生产和日常生活中应用最广泛的电动机。本章主要内容有以下几方面:

1.三相异步电动机的基本结构

三相异步电动机是由两个基本部分组成的,即定子和转子。从转子绕组的结构来看,三相异步电动机又分为鼠笼式和绕线式两种类型。

2.三相异步电动机的转动原理

三相异步电动机定子绕组通入对称三相电流时,产生旋转磁场。定子旋转磁场切割转子导体,转子导体中产生感应电流,转子受到电磁力和电磁转矩的作用,从而转动起来。旋转磁场转速(同步转速):

$$n_1 = \frac{60f}{p}$$

(1)旋转磁场转速的大小决定于电源频率 f 和电动机的极对数 p。

(2)旋转磁场的旋转方向决定于通入定子绕组三相电流的相序。

(3)旋转磁场使转子绕组产生感应电流及电磁转矩。转子转动方向与定子旋转磁场的方向一致。转子转速 n 略小于旋转磁场转速 n_1,转差率为

$$S = \frac{n_1 - n}{n_1} \times 100\%$$

3.三相异步电动机的特性

(1)三相异步电动机的电磁转矩

$$T = K'_T \frac{SR_2 U_1^2}{R_2^2 + (SX_{20})^2}$$

(2)三相异步电动机的机械特性曲线上,要重点关注以下三个转矩:

①额定转矩 $T_N = 9550 \dfrac{P_N}{n_N}$,表示电动机的额定工作能力;

②最大转矩 $T_m = K'_T \dfrac{U_1^2}{2X_{20}}$,表示电动机的过载能力;

③启动转矩 $T_{st} = K \dfrac{R_2 U_1^2}{R_2^2 + X_{20}^2}$,表示电动机的启动能力。

4.三相异步电动机的使用

(1)三相异步电动机的铭牌。铭牌中的功率、转速、电压、电流、效率和功率因数等均为额定值。

(2)鼠笼式三相异步电动机的启动、反转、调速和制动。

①启动:大功率电动机的启动要采取降压措施(Y-△换接降压启动和自耦变压器降压启动)。

②反转:将定子绕组的三根电源线任意对调两根,即可改变电动机的转动方向。

③调速:鼠笼式电动机采用改变极对数 p 和改变电源频率 f 的方法。

④制动:主要采用能耗制动和反接制动两种方法。

5.三相异步电动机的控制

(1)常用的低压控制电器。

①手动电器。刀开关、按钮、断路器(空气开关)属于手动电器,由工作人员手动操作。空气断路器虽然需要入工合闸,但在过载、短路、欠压和失压时,它能自动跳闸。所以,它兼有手动和自动两方面特点。

②自动电器。熔断器、接触器、继电器等属于自动电器,它们根据指令或信号自动动作。

③按钮、继电器、接触器等都是有触点的控制电器,它们的图形符号各有特征,应熟记并能区分。

(2)基本控制线路。

①采用继电接触器控制,可对电动机进行单向运转(即直接启动)控制、正反转控制、顺序控制以及生产机械运动部件的行程控制和时间控制等。任何复杂的控制线路都是由这些基本控制环节所组成。

②鼠笼式电动机的直接启动控制线路是最基本的控制线路,其他控制线路,都是以此为基础的。

鼠笼式电动机的正反转控制线路是最常用的基本控制线路,生产机械运动部件的上下、左右、前后这些方向相反的运行以及行程或限位控制等,都是以电动机的正反转控制为基础的。

③在控制线路的原理图上,所有电器的触头所处位置都表示线圈未通电或电器未受外力时的位置。同一个电器的各部件要用同一文字符号标注。

④为了安全运行,控制线路中设置了保护环节,即短路保护(熔断器)、过载保护(热继电器)、零压与欠压保护(由接触器本身实现)。

⑤分析控制线路时,要把主电路和控制电路分开来看。主电路以接触器的主触头为中心(还有和它串联的热继电器的发热元件等),控制电路以接触器的线圈为中心(还有和它串联的按钮、常开和常闭触头等)。注意控制回路中接触器线圈在什么条件下通电,通电后它怎样用

其主触头去控制主电路,又怎样用其辅助触头去控制另外的接触器或继电器的线圈。

本章习题

A级

6.1 有一台三相异步电动机,接在工频电源上,满载运行的转速为 940 r/min,定子电流频率 $f=50$ Hz,磁极对数 $p=1$,转差率 $S=0.015$。求:①同步转速 n_1;②异步转速 n。

6.2 有一台三相异步电动机,在额定工作情况下工作,已知其转速为 960 r/min,求:①电动机的同步转速 n_1;②磁极对数 p;③额定转差率 S_N。

6.3 有一台六极三相绕线式异步电动机,在 $f=50$ Hz 的电源上带额定负载动运行,其转差率为 0.02,求:①定子磁场的转速 n_1 及频率 f_1;②转子磁场的转速 n_2 和频率 f_2。

6.4 Y180L－4 型电动机的额定功率为 22 kW,额定转速为 1470 r/min,频率为 50 Hz,最大电磁转矩为 314.6 N·m。求电动机的过载系数 λ。

6.5 有一带负载启动的短时运行的电动机,折算到轴上的转矩为 130 N·m,转速为 730 r/min,求电动机的功率。设过载系数为 $\lambda=2.0$。

6.6 在连续运转控制电路中,如果其控制电路被接成如题图 6-1 所示几种情况(主电路不变),问电动机能否正常启动和停车? 如果不能正常启动和停车,请说明原因并指出存在的问题。

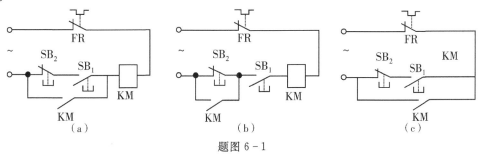

题图 6-1

B级

6.7 已知 Y180M－4 型三相异步电动机,其额定数据如题表 6-1 所示。

求:①额定电流 I_N、启动电流 I_{st};②额定转差率 S_N;③输入功率 P_1;④额定转矩 T_N、最大转矩 T_m、启动转矩 T_{st}。

题表 6-1

额定功率 （kW）	转速 （r/min）	满载时			I_{st}/I_N	T_{st}/T_N	$T_m/T_N(\lambda)$	接法
		额定电压 （V）	效率 （%）	功率因数				
18.5	1470	380	91	0.86	7.0	2.0	2.2	△

6.8 Y225－4 型三相异步电动机的技术数据如下:380 V、50 Hz、△接法、定子输入功率 $P_{1N}=48.75$ kW、定子电流 $I_{1N}=84.2$ A、转差率 $S_N=0.013$,轴上输出转矩 $T_N=290.4$ N·m,求:①电动机的转速 n_2;②轴上输出的机械功率 P_{2N};③功率因数 $\cos\varphi_N$;(4)效率 η_N。

6.9 四极三相异步电动机的额定功率为 30 kW,额定电压为 380 V,△接法,频率为 50

Hz。在额定负载下运动时，其转差率为 0.02，效率为 90%，电流为 57.5 A，$T_{st}/T_N=1.2$，$I_{st}/I_N=7$。试求：①额定转矩；②电动机的功率因数；③用 Y—△降压启动时的启动电流和启动转矩；④当负载转矩为额定转矩的 60% 和 25% 时，电动机能否启动？

6.10　试设计一台鼠笼式三相异步电动机既能连续长动工作，又能点动工作的继电器—接触器控制电路。

6.11　试设计能在两处用按钮控制一台鼠笼式三相异步电动机启动与停车的控制电路。

第7章

电工测量

学习目标

1. 知识目标

(1) 了解常用的电工工具和电工仪表。

(2) 理解常用电工仪表的工作原理。

(3) 掌握常用电工工具和电工仪表的使用方法。

2. 能力目标

(1) 能正确应用电工工具。

(2) 能正确应用电工仪表进行电流、电压、电阻及功率的测量。

知识分布网络

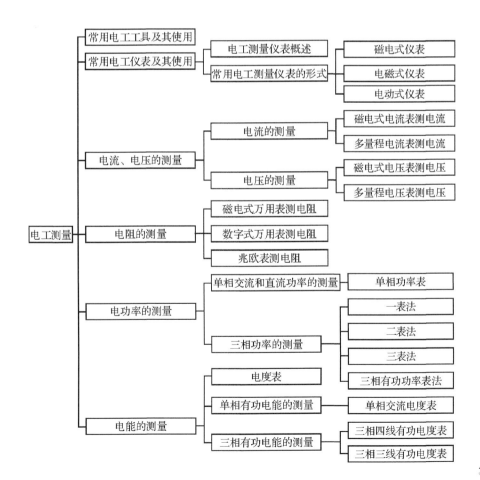

7.1 常用电工工具及其使用

能力知识点 1 常用电工工具

常用电工工具主要有:试电笔、电工刀、螺丝刀、钢丝钳、尖嘴钳、斜口钳、剥线钳、电烙铁等。

1.试电笔

试电笔是检验导线和电气设备是否带电的一种电工常用检测工具。日常生活中,使用较多的是低压试电笔,有笔式和数字式两种。如图 7-1 所示。

笔式低压验电器有氖泡、电阻器、弹簧、笔身和笔尖组成。使用笔式试电笔时,必须手指触及笔尾的金属部分,并使氖管小窗背光且朝自己,以便观测氖管的亮暗程度,防止因光线太强造成误判断,其使用方法如图 7-2 所示。

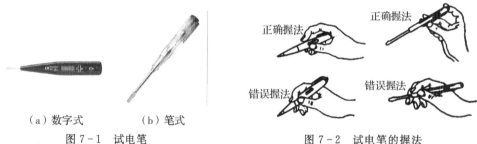

（a）数字式　　　　（b）笔式

图 7-1　试电笔

图 7-2　试电笔的握法

用验电笔测带电体时,电流经带电体、验电笔、人体、地形成回路。当带电体与大地之间的电位差超过 60 V,验电笔中的氖管发光。验电笔测试范围为 60 V～500 V。

注意事项如下:

(1)使用前,必须在有电源处对验电器进行测试,证明验电笔确实良好,方可使用。

(2)验电时,应使验电器逐渐靠近被测物体,直至氖管发亮,不可直接接触被测体。

(3)验电时,手指必须触及笔尾的金属体,否则带电体也会误判为非带电体。

(4)验电时,要防止手指触及笔尖的金属部分,以免造成触电事故。

2.电工刀

电工刀是剥削电线线头,切割木台缺口、削制木榫的专用工具。如图 7-3 所示。

注意事项如下:

(1)不得用于带电作业,以免触电。

(2)应将刀口朝外剥削,并注意避免伤及手指。

(3)剥削导线绝缘层时,应使刀面与导线成较小的锐角,以免割伤导线。

(4)使用完毕,随即将刀身折进刀柄。

3.螺丝刀

螺丝刀是紧固或拆卸螺钉的工具。旋具的种类有很多,按头部形状分为一字形和十字形旋具。如图 7-4 所示。

（a）一字型　　　（b）十字形

图7-3　电工刀　　　　　　　图7-4　螺丝刀

按照螺丝刀的大小可以对其进行分类。大螺丝刀一般用来紧固较大的螺钉。使用时,除大拇指、食指和中指要夹住握柄外,手掌还要顶住柄的末端,就这样就可以防止旋具转动时滑脱。小螺丝刀一般用来紧固电气装置接线柱头上的小螺丝钉,使用时,可用手指顶住柄的末端捻转。用右手压紧手柄并转动,同时左手握住起子的中间部分(不可放在螺钉周围,以免将手划伤),以防止起子滑脱。

注意事项如下:

(1)带电作业时,手不可触及螺丝刀的金属杆,以免发生触电事故。

(2)作为电工,不应使用金属杆直通握柄顶部的螺丝刀。

(3)为防止金属杆触到人体或邻近带电体,金属杆应套上绝缘管。

4. 钢丝钳

钢丝钳是由钳头和钳柄两部分组成,如图7-5所示。钳头由钳口、齿口、刀口和铡口四部分组成。钳口可用来弯绞或钳夹导线线头;齿口可用来紧固或起松螺母;刀口可用来剪切导线或钳削导线绝缘层;侧口可用来铡切导线线芯、钢丝等较硬线材。钢丝钳有铁柄和绝缘柄两种,绝缘柄为电工用钢丝钳,常用的规格有150 mm、175 mm和200 mm三种。钢丝钳在电工作业时,用途广泛。具体使用方法如图7-6所示。

图7-5　钢丝钳　　　　　　图7-6　钢丝钳的操作方法

注意事项如下:

(1)使用前,使检查钢丝钳绝缘是否良好,以免带电作业时造成触电事故。

(2)在带电剪切导线时,不得用刀口同时剪切不同电位的两根线(如相线与零线、相线与相线等),以免发生短路事故。

5. 尖嘴钳

尖嘴钳的头部尖细,适用于在狭小的空间操作,如图7-7所示。钳柄有铁柄和绝缘柄两种,绝缘柄的耐压为500 V,主要用于切断和弯曲细小的导线、金属丝;夹持小螺钉、垫圈及导线等元件;还能将单股导线整形(如平直、弯曲等)并弯曲成所需的各种形状。

注意事项如下:使用尖嘴钳带电作业,应检查其绝缘是否良好,并在作业时金属部分,不要触及人体或邻近的带电体。

6.斜口钳

斜口钳又称断线钳,专用于剪断各种电线电缆。钳柄有铁柄、管柄和绝缘柄三种,其中电工用的带绝缘柄断线钳一般绝缘柄的耐压为 500 V。如图 7-8 所示的为电工斜口钳。

注意事项如下:对粗细不同、硬度不同的材料,应选用大小合适的斜口钳。

7.剥线钳

剥线钳是专用于剥削较细小导线绝缘层的工具,如图 7-9 所示。一般绝缘手柄耐压为 500 V。剥线钳使用时,将要剥削的绝缘层长度用标尺定好后,即可把导线放入相应的刃口中(比导线直径稍大),用手柄一握紧,导线的绝缘层即被割破,且自动弹出。

注意事项如下:剥线器使用时,五指应握住绝缘柄的末端,受力均匀。

图 7-7　尖嘴钳　　　　　　图 7-8　斜口钳　　　　　　图 7-9　剥线钳

8.电烙铁

电烙铁是焊接元件及导线的工具。按加热的方式可分为为外热式、内热式;按温度控制分为恒温式和变温式;按功能可分为焊接用电烙铁和吸锡用电烙铁,如图 7-10 所示。

内热式的电烙铁体积较小,而且价格便宜,如图 7-11 所示。内热式的电烙铁发热效率较高,而且更换烙铁头也较方便。其发热芯是装在烙铁头的内部,热损失小。通常有 20 W、25 W、35 W、50 W 等多种规格,其中 35 W、50 W 是最常用的。外热式电烙铁的发热电阻丝在烙铁头的外面,散热快,加热效率低,一般要预热 2～5 分钟才能焊接,如图 7-12 所示。其体积较大;功率较大。通常有 25 W、30 W、40 W、50 W、60 W、75 W、100 W、150 W、300 W 等多种规格。

图 7-10　吸锡式电烙铁　　　图 7-11　内热式焊接电烙铁　　图 7-12　外热式焊接电烙铁

电烙铁的握法没有统一的要求,以不易疲劳、操作方便为原则,一般有笔握法和拳握法两种,如图 7-13 所示。

焊接时,要保证每个焊点焊接牢固、接触良好。要保证焊接质量。优质的锡点光亮,圆滑而无毛刺,锡量适中。锡和被焊物融合牢固。不应有虚焊和假焊。

注意事项如下:

(1)使用前,应认真检查电源插头、电源线有无损坏;并检查烙铁头是否松动。

(2)电烙铁使用中,不能用力敲击;要防止跌落。

（a）笔握法　　　（b）拳握法

图7-13　电烙铁的握法

(3)烙铁头上焊锡过多时,可用布擦掉;不可乱甩,以防烫伤他人。

(4)焊接过程中,烙铁不能到处乱放;不焊时,应放在烙铁架上。

(5)注意电源线不可搭在烙铁头上,以防烧坏绝缘层而发生事故。

(6)使用结束后,应及时切断电源,拔下电源插头。冷却后,再将电烙铁收回工具箱。

本节思考题

1.测电笔测量的电压范围是多少?

2.电工刀的主要功能有哪些?

3.螺丝刀有哪几种?

4.钢丝钳、尖嘴钳、斜口钳分别适用于什么场合?

5.电烙铁有哪几种发热方式?

7.2　常用电工测量仪表及其使用

能力知识点1　电工测量仪表概述

1.常用电工测量仪表的分类

常用的电工测量仪表有很多种类,通常按以下方法分类。

(1)按照被测量的种类分类。按被测量的种类电工测量仪表可分为电流表、电压表、功率表、频率表、相位表等。按被测量电流的种类电工测量仪表可分为直流、交流和交直流两用仪表。

(2)按照测量工具的工作原理分类。按工作原理电工测量仪表可分为磁电式、电磁式、电动式仪表等。

(3)按仪表的准确度分类。按准确度电工测量仪表可分为0.1、0.2、0.5、1.0、1.5、2.5和5.0共七个等级。准确度较高(0.1,0.2,0.5)的仪表常用来进行精密测量或校正其他仪表。

(4)按仪表具备的防护性能分类。按仪表具备的防护类型电工测量仪表可以分为普通型、防尘型、防溅型、防水型、水密型、气密型、隔爆型等。

(5)按仪表的使用方式分类。按仪表的使用方式电工测量仪表可以分为固定式仪表和可携式仪表等。

2.常用电工仪表的符号和意义

常用的电工仪表的符号和意义见表7-1和表7-2。

表 7-1　常用的电工仪表的符号

次序	被测量的种类	仪表名称	符号
1	电流	电流表	Ⓐ
		毫安表	ⓜⒶ
2	电压	电压表	Ⓥ
		千伏表	ⓚⓋ
3	电功率	功率表	Ⓦ
		千瓦表	ⓚⓌ
4	电能	电度表	kWh
5	相位差	相位表	φ
6	频率	频率表	f
7	电阻	欧姆表	Ω
		兆欧表	MΩ

表 7-2　常用电工仪表的符号和意义

符号	意义
—	直流
∼	交流
≋	交直流
3∼或≈	三相交流
⌐ 2 kV	仪表绝缘试验电压 2000 V
↑ 或 ⌐	仪表直立放置
→ 或 ⊥	仪表水平放置
∠60°	仪表倾斜 60 度放置

能力知识点 2　常用电工测量仪表的形式

1. 磁电式仪表

磁电式仪表是指由可动线圈中电流产生的磁场与固定线圈的永久磁铁磁场相互作用而工作的仪表。这种仪表可以具有一个以上的线圈,可用以测量各种线圈中电流的总和或电流的比率,也称动圈式仪表。磁电式仪表广泛地应用于直流电压和电流的测量,如与各种变换器配合在交流及高频测量中也得到了较广泛应用。

(1)磁电式仪表的结构。磁电式仪表的原理性结构如图 7-14 所示,这个线圈靠轴轴承或张丝的支撑以圆柱形软铁芯的中心 O 为中心转动。

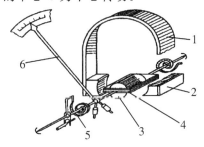

图 7-14　磁电式仪表
1—永久磁铁；2—极掌；3—圆柱形软铁芯；4—可动线圈；5—游丝；6—指针

（2）磁电式仪表的工作原理。磁电式仪表的工作原理如下：永久磁铁的磁场与通有直流电流的可动线圈相互作用而产生偏转力矩，使可动线圈发生偏转，同时与可动线圈固定在一起的游丝因可动线圈偏转而发生变形，产生反作用力矩，当反作用力矩与转动力矩相等时，活动部分将最终停留在相应的位置，指针在标度尺上指出待测量的数值，指针的偏转与通过线圈的电流成正比，因此刻度是均匀的。

（3）磁电式仪表的使用。

注意事项如下：

①测量时，电流表要串联在电路中，电压表要并联在电路中。

②磁电式仪表只能在直流电路使用，使用时一定要注意仪表的极性。标有"＋"号极性的端钮，接到被测量的正极；标有"－"号极性的端钮，接到被测量的负极。

③磁电式仪表不能用来测交流电。当误接入交流电时，指针不动。但当电流过大时，也会因过载而使仪表线圈或仪表线路元件烧毁。磁电式仪表的过载能力较低，注意不要过载。

④在使用仪表时，应避免颠震。被测对象的量值不清楚时，应该用仪表的最大量限初测，逐步降低仪表的量限，勿使仪表指针指示在 2/3 满刻度以上。

2. 电磁式仪表

电磁式仪表是测量交流电压与交流电流的最常用的一种仪表。它具有结构简单、过载能力强、造价低廉以及交直流两用等优点，在实验室及工程仪表中应用十分广泛。电磁式测量仪表是利用载流的固定线圈产生的磁场，对可动铁片产生的吸引力或排斥力而制成的。电磁仪表由于铁磁材料的磁带和涡流影响，其测量准确度一般不高。电磁式仪表有吸引型和排斥型等，这里主要介绍吸引型电磁式仪表。

吸引型电磁式测量仪表的结构如图 7-15 所示。吸引型电磁式测量仪表的工作原理如图 7-16 所示。吸引型的电磁式测量仪表，即可以测量直流电流，也可以测量交流电流。

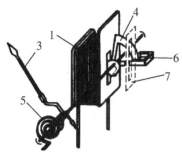

图 7-15　吸引型电磁仪表结构

1—固定线圈;2—动铁片;3—指针;4—扇形铝片;

5—游丝;6—永久磁铁;7—磁屏

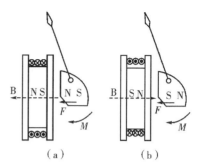

图 7-16　吸引性测量结构工作原理

吸引型电磁式测量仪表的特点如下:

(1)利用扁线圈的磁场对铁片的吸引作用使活动部分发生偏转。

(2)与圆线圈结构相比,电磁利用式数较大,所以,在转矩相同的条件下,仪表安匝数和功率消耗较小。

(3)标尺不均匀式数较大,一般只在准确度等级不高的 0.5 级以下的仪表中广泛应用。

(4)铁片形状一般多是切边的正圆形,偏心固定在转轴上,用以改善刻度特性。

(5)内部磁场较弱,易受外磁场的影响。

(6)因为扁线圈上下相对放置,比较节省地方,所以容易制作无定位测量结构。

(7)这类结构的仪表,大部分都装有分磁片。分磁片是由软磁材料做成的,移动它可以影响线圈中的磁场分布,以达到调整转动力矩,改变刻度特性的目的。

3.电动式仪表

电动式仪表用于交流精密测量及作为标准表,与电磁式相比最大区别是以可动线圈代替可动铁芯,可以消除磁滞和涡流的影响,使它的准确度得到提高。另外电动式有固定和可动两套线圈,可以用来测量功率、电能等这类与两个电量有关的物理量。

电动式仪表是由可动线圈中电流所产生的磁场与一个或几个固定线圈中的电流所产生的磁场相互作用而工作的仪表。

电动仪表驱动装置由固定线圈和可动线圈组成。

(1)电动式仪表的结构。电动式仪表的结构如图 7-17 所示。固定线圈 1 分为二段,目的是为了获得较均匀的磁场分布,也便于改换电流量程。

若把固定线圈绕在铁心上,就构成铁磁电动式仪表。这种仪表优点如下:磁场强、转矩大。但由于铁磁材料的磁滞和涡流损耗,会造成误差。铁磁材料因为存在非线性影响故对铁心材料要求较高,多用于安装式仪表。

(2)电动式仪表的工作原理。

①电动式电流表。其原理电路图如图 7-18 所示。电流表的指针偏转角 α 与电流平方成比例。与电磁式一样,为了使仪表有足够匝数,当被测电流为一定时,要求线圈有足够匝数,这就使得内阻和表耗功率都增大,一般电动式仪表内阻比电磁式还大。电动式电流表和电磁式一样,也不采用分流器扩程,理由与电磁式相同,常用的扩程方法是改变线圈的串、并联组合,交流扩程方法则多用互感器。

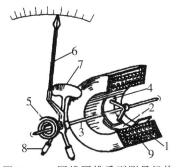

图7-17　圆线圈排斥型测量机构

1—固定线圈;2—定铁片;3—转轴;4—动铁片;5—游丝;

6—指针;7—阻尼片;8—平衡锤;9—磁屏蔽

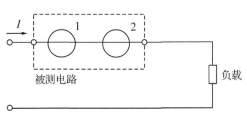

图7-18　电动式电流表原理电路图

1—固定线圈;2—可动线圈

②电动式电压表。其原理电路图如图7-19所示。在电流表的基础上串联附加电阻构成电动式电压表。电动式电压表可动部分的偏转角与被测电压的平方有关,其标尺同样具有平方特性,为不均匀刻度。多量限的电动式电压表,主要是利用附加电阻的改变来实现的。附加电阻的接法如图7-20所示。有些电压表为了适应较宽频率范围的测量,可采用并联电容C的办法。

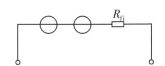

图7-19　电动式电压表原理电路图

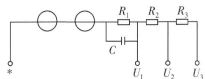

图7-20　三量先点压表的测量电路

📐 本节思考题

1.磁电式仪表的基本结构是什么?

2.磁电式仪表是如何使用的?

3.电磁式仪表的基本结构是什么?

4.电磁式仪表是如何使用的?

5.电动式仪表的有什么特点?

6.电动式电流表的测量原理是什么?

7.电动式电压表的测量原理是什么?

7.3　电流、电压的测量

能力知识点1　电流的测量

1.磁电式电流表测电流

磁电式电流表的满偏电流(表头量程)为I_g,一般能测九十微安的电流到几十毫安的电流,表头内阻R_g(线圈＋游丝直流电阻)也为几十欧姆到几百欧姆之间,如图7-21所示。

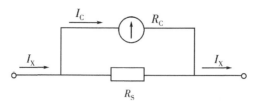

图 7－21 磁电式电流表的原理图

磁电式测量机构与分流器并联构成磁电式电流表，设分流器 R_S，磁电式测量机构的内阻为 R_C，被测电流为 I_X，则流过测量机构动圈的电流（俗称表头电流 I_C）为

$$I_C = [R_S/(R_S + R_S)] \times I_X \tag{7.1}$$

一般分流器电阻 R_S 比测量机构的内阻 R_C 小很多，大部分被测电流从分流器通过，测量机构的电流 I_C 只是被测电流 I_X 的很小的一部分。当 $I_X/I_C = (R_C + R_S)/R_S$ 中 R_C 和 R_S 数值一定时，被测电流 I_X 与流过测量机构的电流 I_C 之比是一定的。只要使仪表尺度放大 I_X/I_C 倍，即可用测量机构的偏转角来直接反映被测电流 I_X 的大小。

【例 7－1】 有一磁电式测量机构，其满偏电流为 500 μA，内阻为 100 Ω，如要改成 1 A 的电流表，应并联多大的分流电阻？

解

量程扩大倍数为：
$$n = \frac{I_X}{I_C} = \frac{1}{500 \times 10^{-6}} = 2000$$

故分流电阻为：
$$R_S = \frac{R_C}{n-1} = \frac{100}{2000-1} = 0.05(\Omega)$$

2.多量程电流表测电流

(1)选择档位和量程。将万用表开关拨至直流电流"mA"位置上，根据被测电流大小选择量程。在不知道电流大小的情况下，为避免电流过大超过量程范围，则可以先至于直流电流最高档试测。如果量程过大，在将量程减小，直到量程合适为止。

(2)串入电路。万用表测电流时，表笔必须串入电流，且红表笔接电路电位高电位一端，黑表笔接电流低电位一端。

(3)读数方法。正确选用刻度线进行读数，并用以下公式换算电流值。

$$电流值 = \frac{指针所指刻度值 \times 量程大小}{所选刻度的最大值}$$

能力知识点 2 电压的测量

1.磁电式电压表测电压

磁电式测量仪表只要与被测电路并联，就可以作为电压表测量电压。其方法是将测量仪表的正、负级两端分别与被测电压的正、负级并联。当被测电压为 U，测量仪表的电阻为 R_C 时，流过测量仪表的电流为 $I_C = U_C/R_C$。

磁电式测量仪表的偏转角可以反映流过它的电流大小，并按电压做成刻度，制成电压表。通过此测量仪表的电流很小，只能测很低的电压。测量稍高电压需要扩大量程，需要磁电式测量仪表和电阻串联。如图 7-22 所示。

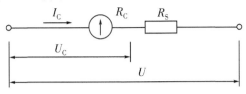

图 7-22 附加电阻扩大电压表量程

串联附加电阻后,流过测量仪表的电流为 $I_\mathrm{c}=\dfrac{U}{R_\mathrm{c}+R_\mathrm{s}}$,根据被测电压选择合适的附加电阻 R_s,可以使通过测量仪表的电流限制在允许的范围内,但同时 I_c 仍与被测电压成正比,仪表可以用偏转角来反应被测电压的大小。根据 $U=I_\mathrm{c}\times(R_\mathrm{c}+R_\mathrm{s})$ 和 $U_\mathrm{c}=I_\mathrm{c}\times R_\mathrm{c}$ 可以推理出

$$\frac{U}{U_\mathrm{c}}=\frac{R_\mathrm{c}+R_\mathrm{s}}{R_\mathrm{c}}$$

如果 $\dfrac{U}{U_\mathrm{c}}=m$,那么 $R_\mathrm{s}=(m-1)R_\mathrm{c}$。

【例 7-2】 一个满偏电流为 $500\ \mu\mathrm{A}$,内阻为 $200\ \Omega$ 的磁电式测量机构,要制成 $20\ \mathrm{V}$ 量程的电压表,应串联多大的附加电阻? 该电压表的总内阻是多少?

解 测量机构的满偏电压为

$$U_\mathrm{c}=I_\mathrm{c}\times R_\mathrm{c}=500\times10^{-6}\times200=0.1(\mathrm{V})$$

电压量程的扩大倍数 $\qquad m=\dfrac{U}{U_\mathrm{c}}=\dfrac{20}{0.1}=200$

故应串联附加电阻 $R_\mathrm{s}=(m-1)\times R_\mathrm{c}=(200-1)\times200=39800(\Omega)$

电压表总内阻 $\qquad R_\mathrm{c}'=R_\mathrm{c}+R_\mathrm{s}=200+39800=40000(\Omega)$

2.多量程电压表测电压

多量程电压表一般都是多量限电压表,实现量限变换的方法有以下三种:

(1)采用分段线圈的串并联换接法,如图 7-23 所示。

(2)采用附加电阻的分段法。

(3)仅用于交流电路测量的电压表,可以采用内附电压互感器的方法,以获得多个量限的测量。

使用时,将选择开关旋至交流电压档相应的量程进行测量。如果不知道被测电压的大致数值,需将选择开关旋至交流电压档最高量程上预测,然后再旋至交流电压档相应的量程上进行测量。

将选择开关旋到直流电压档相应的量程上。测量电压时,需将电表并联在被测电路上,并注意正、负极性。如果不知被测电压的极性和大致数值,需将选择开关旋至直流电压档最高量程上,并进行试探测量(如果指针不动则说明表笔接反;若指针顺时旋转,则表示表笔极性正确)然后再调整极性和合适的量程。

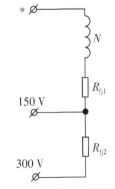

图 7-23 多量程电压表

本节思考题

1.磁电式电流表的工作原理是什么?

2.磁电式电压表的工作原理是什么?

3.多量程式电流表是如何使用的?

4.多量程式电压表示如何使用的?

7.4 电阻的测量

能力知识点1 磁电式万用表

磁电式万用表用来测量直流电流、直流电压、交流电压和电阻等。

1.磁电式万用表的结构

磁电式万用表由表头、测量电路、转换开关等三个主要部分组成。

(1)表头:直流电流表。

(2)测量电路:用来把各种被测量转换到适合表头的直流微小电流。

(3)转换开关:根据不同被测量选择不同的测量电路。

2.磁电式万用表的工作原理

(1)测直流电流原理。如图7-24(a)图所示,在表头上并联一个适当的电阻(叫分流电阻)进行分流,就可以扩展电流量程。改变分流电阻的阻值,就能改变电流测量范围。

(2)测直流电压原理。如图7-24(b)所示,在表头上串联一个适当的电阻(叫倍增电阻)进行降压,就可以扩展电压量程。改变倍增电阻的阻值,就能改变电压的测量范围。

(3)测交流电压原理。如图7-24(c)所示,因为表头是直流表,所以测量交流时,需加装一个并、串式半波整流电路,将交流进行整流变成直流后再通过表头,这样就可以根据直流电的大小来测量交流电压。扩展交流电压量程的方法与直流电压量程相似。

(4)测电阻原理。如图7-24(d)所示,在表头上并联和串联适当的电阻,同时串接一节电池,使电流通过被测电阻,根据电流的大小,就可测量出电阻值。改变分流电阻的阻值,就能改变电阻的量程。

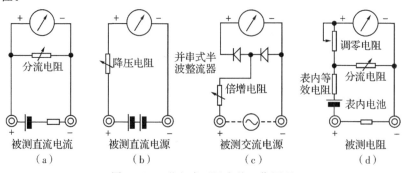

图7-24 磁电式万用表的工作原理

3.磁电式万用表的使用

(1)使用前的检查与调整。在使用万用表进行测量前,应进行下列检查、调整:

①外观应完好无破损,当轻轻摇晃时,指针应摆动自如。

②旋动转换开关,应切换灵活无卡阻,档位应准确。

③水平放置万用表,转动表盘指针下面的机械调零螺丝,使指针对准标度尺左边的0位线。

④测量电阻前应进行电调零(每换档一次,都应重新进行电调零)。即:将转换开关置于欧姆档的适当位置,两支表笔短接,旋动欧姆调零旋钮,使指针对准欧姆标度尺右边的0位线。如指针始终不能指向0位线,则应更换电池。

⑤检查表笔插接是否正确。黑表笔应接"-"极或"﹡"插孔,红表笔应接"+"。

⑥检查测量机构是否有效,即应用欧姆档,短时碰触两表笔,指针应偏转灵敏。

(2)直流电阻的测量。万用表面板如图7-25所示。使用万用表测电阻时要注意以下问题:

①首先应断开被测电路的电源及连接导线。若带电测量,将损坏仪表;若在路测量,将影响测量结果。

②合理选择量程档位,以指针居中或偏右为最佳。测量半导体器件时,不应选用R×1档和R×10K档。

③测量时表笔与被测电路应接触良好;双手不得同时触至表笔的金属部分,以防将人体电阻并入被测电路造成误差。

④正确读数并计算出实测值。

⑤切不可用欧姆档直接测量微安表头、检流计、电池内阻。

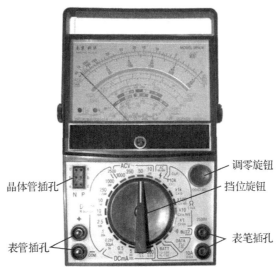

图7-25 万用表面板

能力知识点 2　数字式万用表

1. 数字万用表的结构

图 7 - 26 所示是 DT9205 型数字万用表的外形图,包括 LCD 液晶显示器、电源开关、量程选择开关、表笔插孔等。功能选择具有 32 个量程。量程与 LCD 有一定的对应关系:选择一个量程,如果量程是一位数,则 LCD 上显示一位整数,小数点后显示三位小数;如果是两位数,则 LCD 上显示两位整数,小数点后显示两位小数;如果是三位数,则 LCD 上显示三位整数,小数点后显示一位小数;有几个量程,对应的 LCD 没有小数显示。

液晶显示器最大显示值为 1999(液晶显示的后三位可从 0 变到 9,第一位从 0 到 1 只有两种状态,这样的显示方式叫做三位半。)。若被测电压或电流的极性为负,则显示值前将带"—"号。若输入超过量程时,LCD 的第一位显示"1",其它位没有显示。电源开关按钮按下去为"ON"(开),跳起来为"OFF"(关)状态。测量完毕,应将其置于"OFF"位置,以免空耗电池。数字万用表的电池盒位于后盖的下方,采用 9V 叠层电池。电池盒内还装有熔丝管,以起过载保护作用。旋转式量程开关位于面板中央,用以选择测试功能和量程。

输入插口是万用表通过表笔与被测量连接的部位,设有"COM"、"V·Ω"、"mA"、"20A"四个插口。使用时,黑表笔应置于"COM"插孔,红表笔依被测种类和大小置于"V·Ω"、"mA"或"20A"插孔。

图 7 - 26　数字万用表

2. 数字万用表的使用

以数字万用表 DT9205 为例,如图 7 - 27 所示。

(1)使用方法。①将 ON/OFF 开关置于 ON 位置,检查电池,如果电池电压不足,"⊟"将显示在显示器上,这时则需更换电池。如果显示器没有显示"⊟",则按以下步骤操作。②测试笔插孔旁边的"⚠"符号,表示输入电压或电流不应超过指示值,这是为了保护内部线路免受损伤。③测试之前,功能开关应置于你所需要的量程。

(2)直流电压测量。①将黑表笔插入 COM 插孔,红表笔插入 V·Ω 插孔。②将功能开关置于直流电压档 V— 量程范围,并将测试表笔连接到待测电源(测开路电压)或负载上(测负载电压降）。

测量直流电压时注意：①如果不知被测电压范围，将功能开关置于最大量程并逐渐下降；②如果显示器只显示"1"，表示过量程，功能开关应置于更高量程；③"⚠"表示不要测量高于1000 V 的电压，显示更高的电压值是可能的，但有损坏内部线路的危险。（3）交流电压测量。①将黑表笔插入 COM 插孔，红表笔插入 V·Ω 插孔。②将功能开关置于交流电压档 V~ 量程范围，并将测试笔连接到待测电源或负载上。测量交流电压时，没有极性显示。

（4）直流电流测量。①将黑表笔插入 COM 插孔，当测量最大值为 200 mA 的电流时，红表笔插入 mA 插孔，当测量最大值为 20 A 的电流时，红表笔插入 20 A 插孔。②将功能开关置于直流电流档 A－ 量程，并将测试表笔串联接入到待测负载上，电流值显示的同时，将显示红表笔的极性。

测量直流电流时注意：①如果使用前不知道被测电流范围，将功能开关置于最大量程并逐渐下降；②如果显示器只显示"1"，表示过量程，功能开关应置于更高量程；③"⚠"表示最大输入电流为 200 mA，过量的电流将烧坏保险丝，应再更换，20 A 量程无保险丝保护，测量时不能超过 15 秒。

（5）交流电流的测量。①将黑表笔插入 COM 插孔，当测量最大值为 200 mA 的电流时，红表笔插入 mA 插孔；当测量最大值为 20 A 的电流时，红表笔插入 20 A 插孔。②将功能开关置于交流电流档 A~量程，并将测试表笔串联接入到待测电路中。

（6）电阻测量。①将黑表笔插入 COM 插孔，红表笔插入 V·Ω 插孔。②将功能开关置于Ω 量程，将测试表笔连接到待测电阻上。测量电阻时注意：①如果被测电阻值超出所选择量程的最大值，将显示过量程"1"，应选择更高的量程，对于大于 1MΩ 或更高的电阻，要几秒钟后读数才能稳定，这是正常的；②当没有连接好时，例如开路情况，仪表显示为"1"；③当检查被测线路的阻抗时，要保证移开被测线路中的所有电源，所有电容放电. 被测线路中，如有电源和储能元件，会影响线路阻抗测试正确性；④万用表的 200 MΩ 档位，短路时有 10 个字，测量一个电阻时，应从测量读数中减去这 10 个字。如测一个电阻时，显示为 101.0，应从 101.0 中减去10 个字，被测元件的实际阻值为 100.0 即 100 MΩ。

（7）电容测试。连接待测电容之前，注意每次转换量程时，复零需要时间，有漂移读数存在不会影响测试精度。①将功能开关置于电容量程 C(F)。②将电容器插入电容测试座中。

测试电容时注意：①仪器本身已对电容档设置了保护，故在电容测试过程中不用考虑极性及电容充放电等情况；②测量电容时，将电容插入专用的电容测试座中（不要插入表笔插孔COM、V·Ω）；③测量大电容时稳定读数需要一定的时间；④电容的单位换算：$1 \mu F = 106 pF$，$1 \mu F = 103 nF$。

（8）二极管测试及蜂鸣器的连接性测试。①将黑表笔插入 COM 插孔，红表笔插入 V·Ω插孔（红表笔极性为"+"）将功能开关置于"➡ ♫"档，并将表笔连接到待测二极管，读数为二极管正向压降的近似值。②将表笔连接到待测线路的两端如果两端之间电阻值低于约 70 Ω，内置蜂鸣器发声。

（9）晶体管 h_{FE} 测试。①将功能开关置 h_{FE} 量程。②确定晶体管是 NPN 或 PNP 型，将基极 b、发射极 e 和集电极 c 分别插入面板上相应的插孔。③显示器上将读出 hFE 的近似值，测试条件：万用表提供的基极电流 I_b：$10 \mu A$，集电极到发射极电压为 $V_{ce} = 2.8$ V。

（10）自动电源切断使用说明。①仪表设有自动电源切断电路，当仪表工作时间约 30 分钟

～1小时,电源自动切断,仪表进入睡眠状态,这时仪表约消耗 7 μA 的电流。②当仪表电源切断后若要重新开启电源请重复按动电源开关两次。

3.仪表保养

该数字多用表是一台精密电子仪器,不要随意更换线路,并注意以下几点:①不要接高于 1000 V 直流电压或高于 700 V 交流有效值电压;②不要在功能开关处于 Ω 和 ←|月 位置时,将电压源接入;③在电池没有装好或后盖没有上紧时,请不要使用此表;④只有在测试表笔移开并切断电源以后,才能更换电池或保险丝;⑤在仪表处于电容测试档的时候不能加入外端电源。

能力知识点 3　兆欧表

在实际工作,要测量电气设备绝缘性能的好坏,往往需要测量它的绝缘电阻。兆欧表是一种专门用来测量电气设备绝缘电阻的便携式仪表。兆欧表大多采用手摇发电机供电,故又称摇表。

1.兆欧表的结构

兆欧表主要由手摇直流发电机、磁电系比率表及测量线路组成。手摇直流发电机的额定电压主要有 500 V、1000 V、2500 V 等几种。发电机上装有离心调速装置,使转子能恒速转动。兆欧表的测量机构采用磁电系比率表,它的主要构造包括一个永久磁铁和两个固定在同一转轴上且彼此相差一定角度的线圈。电路中的电流通过无力矩的游丝分别引入两个线圈,使其中一个线圈产生转动力矩,另一个线圈产生反作用力矩。仪表气隙内的磁场是不均匀的,这样的结构可以使仪表可动部分的偏转角 α 与两个线圈中电流的比率有关,故称"磁电系比率表"。兆欧表的外形构造如图 7-27 所示。

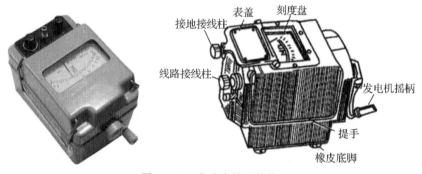

图 7-27　兆欧表外形结构

2.兆欧表的工作原理

与兆欧表表针相连的有两个线圈,一个同表内的附加电阻 R 串联;另一个和被测电阻 R 串联,然后一起接到手摇发电机上,如图 7-28 所示。当手摇动发电机时,两个线圈中同时有电流通过,在两个线圈上产生方向相反的转矩,表针就随着两个转矩的合成转矩的大小而偏转某一角度,这个偏转角度决定于两个电流的比值,附加电阻是不变的,所以电流值仅取决于待测电阻的大小。

3.兆欧表的使用

(1)兆欧表的选择。兆欧表的选用主要考虑两个方面:一是电压等级,二是测量范围。

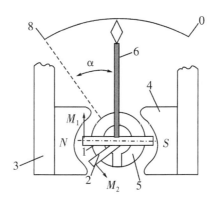

1、2—动圈;3—永久磁铁;4—极掌;5—带缺口的圆柱形铁芯;6—指针

图 7 - 28　兆欧表的内部结构

测量额定电压在 500 伏以下的设备或线路的绝缘电阻时,可选用 500 伏或 1000 伏的兆欧表;测量额定电压在 500 伏以上的设备或线路的绝缘电阻时,可选用 1000~2500 伏的兆欧表;测量瓷瓶时,应选用 2500~5000 伏的兆欧表。

兆欧表测量范围的选择主要考虑两点:一方面,测量低压电气设备的绝缘电阻时可选用 0~200 MΩ 的兆欧表,测量高压电气设备或电缆时可选用 0~2000 MΩ 兆欧表;另一方面,因为有些兆欧表的起始刻度不是零,而是 1 MΩ 或 2 MΩ,这种仪表不宜用来测量处于潮湿环境中的低压电气设备的绝缘电阻,因其绝缘电阻可能小于 1 MΩ,造成仪表上无法读数或读数不准确。

(2)兆欧表的接线。兆欧表上有三个接线柱,两个较大的接线柱上分别标有 E(接地)、L(线路),另一个较小的接线柱上标有 G(屏蔽)。其中,L 接被测设备或线路的导体部分,E 接被测设备或线路的外壳或大地,G 接被测对象的屏蔽环(如电缆壳芯之间的绝缘层上)或不需测量的部分。兆欧表的常见接线方法如图 7 - 29 所示。

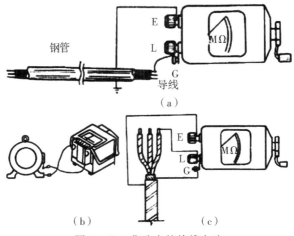

图 7 - 29　兆欧表的接线方法

(3)兆欧表的检查。使用兆欧表前要先检查其是否完好。检查步骤如下:在兆欧表未接通被测电阻之前,将接线柱 L、E 分开,由慢到块摇动手柄约 1 分钟,使兆欧表内发电机转速稳定(约 120 转/分),观察指针是否指在标度尺的"∞"位置;再将端钮 L 和 E 短接,缓慢摇动手柄,

观察指针是否指在标度尺的"0"位置。如图7-30所示。如果指针不能指在相应的位置，表明兆欧表有故障，必须检修后才能使用。

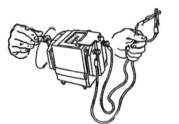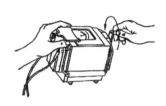

（a）测量前校试兆欧表的操作方法　　（b）测量时兆欧表的操作方法

图7-30　兆欧表的操作方法

（4）注意事项如下：

①测量前，要先切断被测设备或线路的电源，并将其导电部分对地进行充分放电。用兆欧表测量过的电气设备，也须进行接地放电，放电时间不得小于2 min，然后才可再次测量或使用。

②兆欧表与被测设备间的连接导线应用单股线分开单独连接，不能用双股绝缘线或绞线，以避免线间电阻引起的误差。

③手摇发电机要保持匀速，不可忽快忽慢地使指针不停地摆动。测量过程中，若发现指针为零，说明被测物的绝缘层可能击穿短路，应停止继续摇动手柄，避免表内线圈因发热而损坏。

④测量具有大电容设备的绝缘电阻时，读数后不得立即停止摇动手柄，否则已充电的电容将对兆欧表放电，有可能烧坏仪表。应在读数后一边降低手柄转速，一边拆去接地线。

▶ 本节思考题

1.简述模拟磁电式万用表的使用方法？

2.简述数字万用表的使用方法？

3.简述兆欧表的使用方法？

4.怎样检查兆欧表是否完好？

5.兆欧表应如何接线？

7.5　电功率的测量

能力知识点1　单相交流和直流功率的测量

1.单相功率表接线

单相功率表由测量机构和分压电阻构成，其原理电路如图7-31（a）所示。使用时把匝数少、导线粗的固定线圈与负载串联，使通过固定线圈的电流等于负载电流，因此，固定线圈又叫电流线圈；而把匝数多、导线细的可动线圈与分压电阻R_V串联后再与负载并联，使加在该支路两端的电压等于负载电压，所以可动线圈又称为电压线圈。图7-31（a）中用圆圈中的一粗直线表示固定线圈，一细直线表示可动线圈。功率表的符号如图7-31（b）所示。

由于功率表指针的偏转方向与两线圈中电流的方向有关，为防止指针反转，需要标明两线

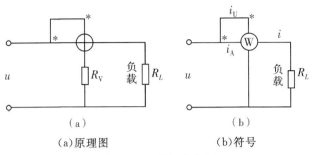

（a）原理图 （b）符号

图 7－31 单相功率表

圈中使指针正向偏转的电流"流入"端，通常以符号"*"或"±"标志。接线时，要把标有此符号的两个端钮接在电源的同一极件上，这个接线规则称为"电源端"或"发电机端"规则，标有"*"或"±"的端钮也因此称为"电源端"或"发电机端"。

单相功率表的正确接线如图 7－32 所示。电压线圈前接方式适用于负载电阻比功率表电流线圈电阻大得多的情况。电压线圈后接方式适用于负载电阻比功率表电压线圈支路电阻小得多的情况。

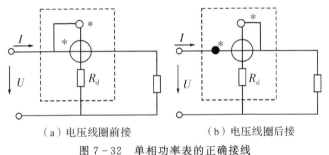

（a）电压线圈前接 （b）电压线圈后接

图 7－32 单相功率表的正确接线

实际测量中，如果功率表接线正确，但指针仍反转，这时，需要在切断电源之后，将电流线圈的两个接线端对调（切忌互换电压支路的端钮），并且将测量结果前面加上负号。但不得调换功率表电压线圈支路的两个接线端。有的功率表装有"＋"、"－"换向开关，改变换向开关的极性，可使电压线团换接，但并不改变附加电阻 R_d 的位置，所以不会发生图的情况。功率表的错误接线如图 7－33 所示。

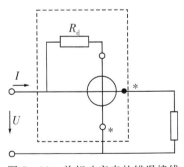

图 7－33 单相功率表的错误接线

2.选择功率表量程

功率表包含有三种量程：电流量程、电压量程和功率量程。选择时，要使功率表的电流量程略大于被测电流,电压量程略高于被测电压。

在使用功率表时,不仅要注意使被测功率不超过仪表的功率量程,通常还要用电流表、电压表去监视被测电路的电流和电压,使之不超过功率表的电流量程和电压量程,以确保仪表安全可靠地运行。

由于功率表的功率量程主要由电流量程和电压量程来决定。所以,功率量程的扩大也就要通过电流量程和电压量程的扩大来实现。

扩大功率表电压量程是利用与电压线圈串联不同阻值分压电阻的方法来实现的,如图7-34 所示。

利用金属连接片将这两段线圈串联或并联,从而达到改变功率表电流量程的目的。当金属片如图7-35(a)连接时,两段线圈串联,电流量程为 I_N;当金属片按图7-35(b)连接时,两段线圈并联,电流量程扩大为 $2I_N$。可见,功率表的电流量程是可以成倍改变的。

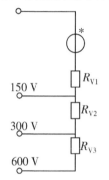

图7-34 扩大功率表电压量程

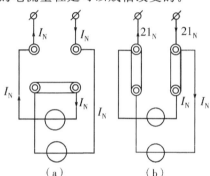

图7-35 用连接片改变功率表的电流量程

实际上,只要在功率表中选定不同的电流量程和电压量程,功率量程也就随之确定了。

【例7-3】 有一感性负载,额定功率为 600 W,额定电压为 220 V,$\cos\varphi = 0.8$。现要用功率表去测量它实际消耗的功率,试选择所用功率表的量程。

解 因为负载额定电压为 220 V,应选功率表电压量程为 300 V。

负载额定电流为
$$I = \frac{P}{U\cos\varphi} = \frac{600}{220 \times 0.8} = 3.4(\text{A})$$

故确定选用电流量程为 5 A,电压量程为 300 V,功率量程为 $300 \times 5 = 1500(\text{W})$ 的功率表。

3. 正确读数

便携式功率表一般都有几种电流和电压量程,但标度尺却只有一条,因此功率表的标度尺上只标有分格数,而不标瓦特数。当选用不同的量程时,功率表标度尺的每一分格所表示的功率值不同。通常把每一分格所表示的瓦特数称为功率表的分格常数。

如果功率表中没有附加的分格常数表,其分格常数 C 也可按下式计算
$$C = \frac{U_N I_N}{\alpha_m} \tag{7.2}$$

式中:U_N——功率表的电压量限或额定电压;

I_N——功率表的电流量限或额定电流;

α_m——功率表标尺的满刻度格数。

测量时,读得指针的偏转格数 α 和分格常数 C 后,便可求出被测功率

$$P = C \cdot \alpha \qquad\qquad (7.3)$$

【例 7 - 4】 若选用一只功率表,它的电压量程为 300 V、电流量程为 5 A,标度尺满刻度格数为 150 格,用它测量某负载消耗的功率时,指针偏转 80 格。求负载消耗的功率。

解 先求功率表的分格常数

$$C = \frac{U_N I_N}{\alpha_m} = \frac{300 \times 5}{150} = 10(\text{W/ 格})$$

被测功率

$$P = C \cdot \alpha = 10 \times 80 = 800(\text{W})$$

能力知识点 2 三相功率的测量

在三相交流电路中,用单相功率表可以组成一表法、两表法或三表法来测量三相负载的有功功率。

1.一表法

三相有功功率的测量,可以用单相功率表,也可以用三相功率表。由于三相有功功率表实际上就是由单相功率表组合而成的,其工作原理也与单相功率表测量三相功率的完全相同,因此本节主要讨论用单相功率表来测量三相有功功率的方法。

如果三相负载完全对称,只要用一只功率表测量三相中任意一相的功率 P_1,则三相总功率就是 $P = 3P_1$。如图 7 - 36 所示。

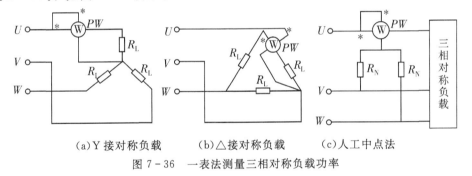

(a)Y 接对称负载　　　(b)△接对称负载　　　(c)人工中点法

图 7 - 36　一表法测量三相对称负载功率

2.二表法

对于三相三线制电路,不论负载是否对称,也不论负载是星形连接还是三角形连接,都能用两表法测量三相负载的有功功率。

两只功率表 PW_1、PW_2 分别测出 P_1 和 P_2,然后把两表的读数相加,就可得到三相总功率 $P = P_1 + P_2$。

两表法的接线规则:①两只功率表的电流线圈分别串联在任意两相线上(如分别串接在 U、V 相线上),使通过线圈的电流为线电流,电流线圈的发电机端必须接到靠近电源一侧。②两只功率表电压线圈的发电机端应分别接到该表电流线圈所在的相线上,另一端则共同接到没有接功率表电流线圈的第三相上,如图 7 - 37 所示。

为获得正确读数,应在切断电源之后,调换电流线圈的两个接线端子。此时,三相功率应是两表读数之差,即 $P = P_1 - P_2$,这点应特别注意。

3.三表法

三相四线电路的负载一般是不对称的,如果要测量三相四线制不对称负载的有功功率,需

要用三只单相功率表分别测出各相功率,如图 7 – 38 所示,三相总有功功率就等于三只功率表读数之和,即

$$P = P_1 + P_2 + P_3$$

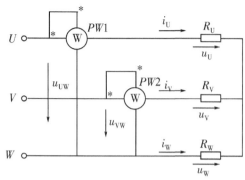

图 7 – 37　两表法测量三相三线制负载功率接线图

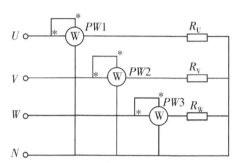

图 7 – 38　三表法测量三相四线制不对称负载功率

4.三相有功功率表法

三相有功功率表法由两只单相功率表的测量机构组成,故又称为两元件三相功率表。它的工作原理与两表法完全相同。在它的内部,装有两组固定线圈以及固定在同一转轴上的两个可动线圈,因此仪表的总转矩等于两个可动线圈所受转矩的代数和,能直接反映出三相功率的大小。如图 7 – 39 所示。

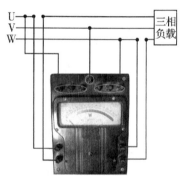

图 7 – 39　D33 – W 型三相有功功率表及接线

本节思考题

1.如何扩大功率表的功率量程?

2.测量功率时,除了要用功率表外,为什么同时还要用电流表和电压表?

3.画出"功率表电压线圈前接"和"功率表电压线圈后接"的接线图,并说明其适用范围。

4.为什么功率表指针会发生反转现象?什么情况下功率表指针发生反转?一旦发生反转应如何处理?

5.在图 7 – 40 中,哪些电路中的功率表接线正确?适用于什么情况?哪些电路中的功率表接线错误?错在什么地方?

6.画出一表法接线图,说明适用范围。

7.画出两表法接线图,说明适用范围。

8.画出三表法接线图,说明适用范围。

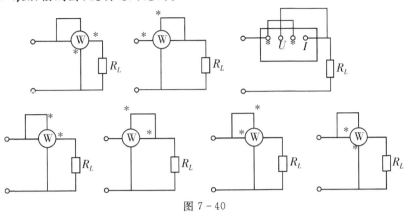

图 7 - 40

7.6　电能的测量

能力知识点 1　电度表

电度表是一种专门用来测量某一段时间内发电机发出电能或负载消耗电能多少的仪表,凡是需要计量用电量的场合都要使用电度表,它是我们生活中不可缺少的计量仪表,下面介绍电度表的分类。

(1)按其使用的电路,电度表可分为直流电度表和交流电度表。如我们家庭用的电源是交流电,因此是交流电度表。交流电度表按照其电路进表相线又可分为:单相电度表、三相三线电度表和三相四线电度表,一般家庭使用的是单相电度表,工业用户使用三相三线和三相四线电度表。

(2)按其工作原理,电度表可分为电气机械式电度表和电子式电度表。电气机械式电度表又称为感应式电度表或机械式电度表。

(3)按其用途,电度表可分为有功电度表、无功电度表、最大需量表、标准电度表、复费率分时电度表、预付费电度表、多功能电度表。

(4)按照准确度等级,电度表可分为普通安装式电度表 0.2、0.5、1.0、2.0、3.0 级和携带式精密电度表 0.01、0.02、0.05、0.1、0.2 级。家庭常用的是 2.0 级。

能力知识点 2　单相有功电能的测量

(1)单相交流电度表的结构。由公式 $W=Pt$ 可以看出,测量电能 W 的电度表与测量电功率 P 的功率表之间的不同之处在于,电度表不仅能反映负载功率 P 的大小,还能计算负载用电的时间 t,并通过计度器把消耗的电能自动地累计起来。为使计度器的机械部分能够顺利地转动,电度表要具有较大的转矩。目前交流电能的测量大多采用感应式电度表,它具有转矩大、成本低、抗干扰性强、安全可靠等优点。如图 7 - 41(a)为家庭常见的电度表。

单相感应式电度表的结构如图 7 - 41(b)所示,主要组成包括驱动元件、转动元件、制动元件和计度器四部分。驱动元件由电压元件和电流元件两部分组成;转动元件由铝盘和转轴组成,转轴上装有传递铝盘转数的蜗杆;制动元件由永久磁铁组成;计度器主要用来计算铝盘的转数,实现累计电能的目的。感应式电度表的工作原理是当交流电通过电度表的电流线圈和电压线圈时,在线圈中产生交变磁通,这些交变磁通在铝盘上会产生涡流。而涡流又会与交变磁通相互作用产生电磁力矩,驱动铝盘转动。同时,转动的铝盘又在制动磁铁的磁场中产生涡流,该涡流与制动磁铁的磁场相互作用产生制动力矩。当转动力矩和制动力矩平衡时,铝盘以稳定的转速转动,其转速与被测功率成正比,根据铝盘转数的多少可以测量出负载消耗的电能。

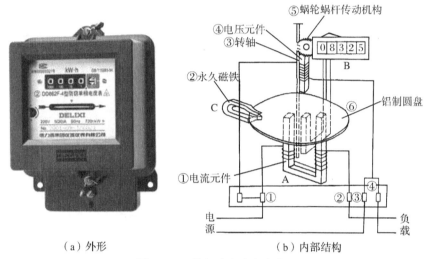

（a）外形　　　　　　　　　　（b）内部结构

图 7-41　单相感应式电度表

（2）单相交流电度表的接线。电度表的接线方式原则上与功率表的接线方式相同,即电流线圈与负载串联,电压线圈跨接在线路两端。对于低电压（220 V）、小电流（5～10 A 以内）的单相电路,电度表可以直接接入;对于低电压、大电流的单相电路,需经电流互感器接入。

电度表的下部有接线盒,盖板背面团有接线图,安装时应按图接线。接线盒内有四个接线端子,一般应符合"火线 1 进 2 出"和"零线 3 进 4 出"的原则接线,"进"端接电源,"出"端接负载,如图 7-42 所示。

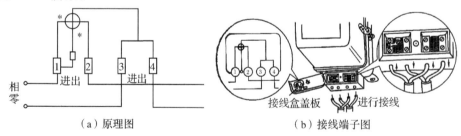

（a）原理图　　　　　　　　　　（b）接线端子图

图 7-42　单相电度表接线图

只要接线正确,不管负载是电感性的还是电容性的,电度表总是正转的。但在接线时火线与零线不能对调,如果将火线和零线对调时俗称"相零接反",如图 7-43 所示。这时电度表仍然正转,且计量正确,但当电源和负载的零线同时接地,或用户将负载（电灯、冰箱、电热器等）接到火线与大地（如经自来水管）之间时,负载电流将从加接地线的地方经大地流走（流经电流线圈的电流要减少或为零),这就造成电度表少计电能或不计电能。

另外,也不能把两个线圈的同名端接反。虽然电压和电流端子的连接片在表内已连好,但如果接线时误接成"火线2进1出",如图7-44所示,这时,电度表就要反转,这是不允许的。

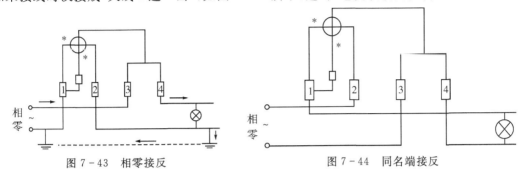

图7-43 相零接反 图7-44 同名端接反

能力知识点3 三相有功电能的测量

测量三相电路的电能与测量三相电路的有功功率在原理上是相同的,常采用的是三相有功电度表来测量三相电路的电能。三相有功电度表分三相四线和三相三线两种。

1.三相四线有功电度表

(1)三相四线有功电度表的结构。三相四线有功电度表相当于三个单相电度表装在一个外壳内,其外形和内部结构如图7-45所示。它由三组驱动元件及装在同一轴上的三个铝盘组成,如DT1型。由于总转矩与三相有功功率成正比,所以计度器直接反映了三相电能。三铝盘的三相电度表由于体积大,成本高,现已不生产。目前采用最多的是三元件两铝盘的三相四线有功电度表,如DT6、DT8、DT 18等型。其中两个驱动元件作用在同一铝盘上,另一个驱动元件和制动磁铁作用在第二个铝盘上,两个铝盘连接在同一转轴上,计度器读数也反映三相电能。两铝盘的体积小,转动部分重量轻,减轻了轴承的负担,但两组元件之间的磁通和涡流有相互干扰的现象,故测量技术特性不如三铝盘的三相电度表。

 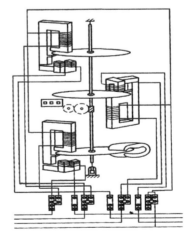

(a)外形 (b)内部结构

图7-45 三相四线有功电度表

(2)三相四线三元件有功电度表的接线。

①直接接线式。三相四线三元件有功电度表的直接接线原理如图 7-46(a)所示。三相四线有功电能表的接线原则为从左至右接线端子 1、4、7 为进线,连接电源的三根相线;3、6、9 为出线,三根相线从这里引出后,分别接到负载总开关的三个进线桩头上;10、11 分别是中性线的进线头和出线桩头,用来连接中性线的进线和出线。如图 7-46(b)所示。对于零线的接法,不同型号的电能表略有不同。通常为接一进一出两根零线(如 DT 型 25A 电能表)。如果只有一个接零线端子,则接一根线即可。

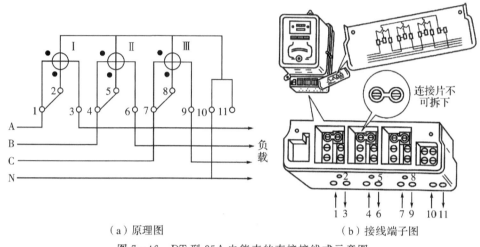

（a）原理图　　　　　　　　　　　（b）接线端子图

图 7-46　DT 型 25A 电能表的直接接线式示意图

②经电流互感器接入式。由于直接接入式所能接入的电流是有限的,所以在工程中通常采用经电流互感器接入的方式。如图 7-47 所示。

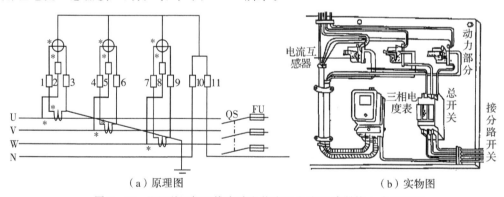

（a）原理图　　　　　　　　　　　（b）实物图

图 7-47　DT 型三相四线有功电能表经电流互感器接入式示意图

2. 三相三线有功电度表

(1)三相三线有功电度表的结构。三相三线有功电度表是根据两表法测量三相有功功率的原理,由两只单相电度表的测量机构组合而成,其外形和内部结构如图 7-48 所示。三相三线有功电度表相当于两个单相电度表组装在一个外壳内。它有上下两个铝盘,每个铝盘配置一组驱动元件和一组制动磁铁。也有采用单铝盘结构的,但其误差较两个铝盘的大。

(2)三相三线有功电度表的接线。

①直接接线式。三相三线二元件有功电度表的接线与测三相有功功率的两表法接线相

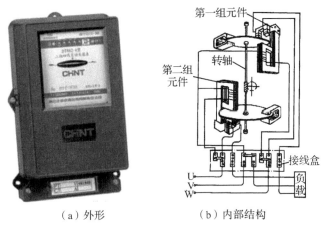

（a）外形 （b）内部结构

图 7-48 三相三线有功电度表的外形和内部结构

同。图 7-49 所示为三相三线有功电度表的直接接线式示意图。

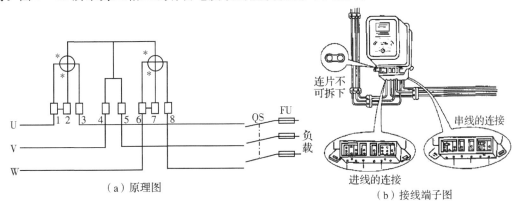

（a）原理图 （b）接线端子图

图 7-49 DS 型三相三线有功电能表的直接接线式示意图

图 7-50 所示为三相三线有功电度表的经电流互感器接入式示意图。

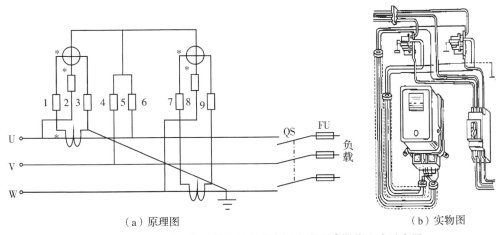

（a）原理图 （b）实物图

图 7-50 DS 型三相四线有功电能表经电流互感器接入式示意图

本节思考题

1.请画出三相四线有功电度表的接线图。

2.请画出三相三线有功电度表的接线图。

 本章小结

本章重点理解和掌握以下主要内容。

1.常用电工工具的使用

常用的电工工具有试电笔、电工刀、螺丝刀、钢丝钳、尖嘴钳、斜口钳、剥线钳、电烙铁等。掌握这些基本工具的使用方法。

2.常用电工仪表及其使用

(1)了解常用电工测量仪表的分类。

(2)熟练掌握常用电工仪表的符号和意义。

(3)熟悉常用电工测量仪表的形式(磁电式仪表、电磁式仪表、电动式仪表)。

3.常用电工仪表及其使用

(1)电流、电压的测量。

磁电式电流表的表头值 $I_C = [R_S/(R_S+R_S)] \times I_x$

磁电式电压表的表头值 $U = I_C \times (R_C+R_S)$

(2)电阻的测量。磁电式仪表测电阻时 当线圈里通入很小的电流时,这个电流受到磁场的作用力,将会发生偏转,而游丝同时又是一个弹簧,线圈偏转时,游丝会产生一个反方向的扭矩,最后会使线圈停在一个位置。即电阻的阻值。

数字万用表无须调零,将红、黑表笔分别插入" V·Ω"与"COM"插孔,旋动量程选择开关至合适位置(200、2 K、200 K、2 M、20 M),将两笔表跨接在被测电阻两端(不得带电测量),显示屏所显示数值即为被测电阻的数值。

(3)兆欧表是用来测量电气设备绝缘性能和绝缘电阻的工具。其测量大电容设备的绝缘电阻时,读数后不得立即停止摇动手柄,否则已充电的电容将对兆欧表放电,有可能烧坏仪表。

4.电功率的测量

(1)单相有功电能的测量.

$$P = C \cdot \alpha$$

(2)三相有功电能的测量.

在三相交流电路中,用单相功率表可以组成一表法、两表法或三表法来测量三相负载的有功功率。

5.电能的测量

电度表是一种专门用来测量某一段时间内发电机发出电能或负载消耗电能多少的仪表。有三相四线有功电度表、三相三线有功电度表等几种结构仪表。当转动力矩和制动力矩平衡时,铝盘以稳定的转速转动,其转速与被测功率成正比,根据铝盘转数的多少可以测量出负载消耗的电能。

本章习题

1.常用的电工工具有哪些？

2.常用的电工仪表有哪些？

3.磁电式万用表的工作原理是什么？

4.数字式万用表的工作原理是什么？

5.磁电式万用表的工作原理是什么？

6.测量电阻时,用磁电式万用表应该注意哪些事项？

7.单相交流电是如何测量的？

8.三相功率的测量有哪些方法？

9.为什么功率表指针会发生反转现象？什么情况下功率表指针发生反转？一旦发生反转应如何处理？

部分习题参考答案

第1章 电路的基本知识

1.1 (a)2Ω;(b)3.5Ω

1.2 0.96度,1.28度

1.3 1.4×10⁻⁶Ω·m,铁铬合金

1.4 1.25 A

1.5 (a)$I=-1.2$A;(b)$I=1.2$A;(c)$I=1.2$A;(d)$I=-1.2$A

1.6 (a)$U_{ab}=0$,$I=0$;(b)$U_{ab}=0$,$I=0$

1.7 (a)6V,5V;(b)12V,16V,13V;(c)12V,17V,15V,14V

1.8 6V

1.9 (1)$I=I_1=0.27$A;(2)0.27A,0.45A,0.72A

1.10 (1)9.6V,14.4V;(2)12V,2.4A,−12V

1.12 16V,1.6V,0.16V,0.016V

1.13 (a)$-\dfrac{20}{7}$A,$-\dfrac{34}{7}$A,$\dfrac{22}{7}$A;(b)$\dfrac{8}{7}$A,$-\dfrac{6}{7}$A,$-\dfrac{20}{7}$A

1.14 63V,−72V

1.15 +6V;−6V;0V

1.16 0～24V

1.17 (1)1.2 为电源,3、4、5 为负载;(2)发出和吸收的功率各为 1100W,功率平衡。

第2章 直流电路分析

2.1 $I_1=30$A,$I_2=25$A,$I_3=5$A

2.2 4A

2.3 0.3A

2.4 $U_0=\dfrac{1}{4}(U_{S1}+U_{S2}+U_{S3})$

2.5 12.5A

2.6 0.3A

2.7 1A

2.8 6V,4Ω;1.5A

2.9 2A

2.10 6A,36V,360W,60W,200W,64W,36W

2.11 0.5A

第 3 章　正弦交流电路

3.1　$i = 5\sqrt{2}\sin(314t + 60°)$A,按此式画出正弦曲线。

3.2　按 u 和 i 的三角函数画曲线和相量图, $\varphi = 90°$。

3.3　$i = i_1 + i_2 = 8.66\sqrt{2}\sin\omega t$A; $i = i_1 - i_2 = 5\sqrt{2}\sin(\omega t + 90°)$A

3.4　$\dot{I}_R = 10\angle 0°$A, $i_R = 10\sqrt{2}\sin100\pi t$A

　　$\dot{I}_L = 10\angle -90°$A, $i_R = 10\sqrt{2}\sin(100\pi t - 90°)$A

　　$\dot{I}_C = 10\angle 90°$A, $i_R = 10\sqrt{2}\sin(100\pi t + 90°)$A

3.5　$u_L = 6\sin(\omega t - 126.9°)$V

3.6　$U = 113$V, $I = 0.38$A

3.7　$I = 0.37$A, $U_{灯} = 103.6$V, $U_{镇} = 191.8$V

3.8　$X_L = 4\Omega$, $X_C = 7\Omega$, $|Z| = 5\Omega$, $\varphi = -37°$, $I = 44$A, $i = 44\sqrt{2}\sin(314t + 37°)$A, $P = 7.73$ kW, $Q = 5.83$kVar, $S = 9680$VA

3.9　$R = 24\Omega$, $X_L = 32\Omega$, $\cos\varphi = 0.6$, $P = 726$W, $Q = 968$Var

3.10　电感性;电容性;159Hz

3.11　553μF, 69.9A, 47.8A

3.12　(1)电源 $I_N = 90.9$A,实际供电电流 $I = 121.2$A,过载运行;

　　　(2)需要电容值 1052.8μF;

　　　(3)功率因数提高后,供电电流 $I = 76.6$A,电源不过载了。

第 4 章　三相电路

4.1　$u_B = U_m\sin(\omega t - 90°)$V, $u_C = U_m\sin(\omega t + 150°)$V, $\dot{U}_{Bm} = U_m\angle -90°$V, $\dot{U}_{Cm} = U_m\angle 150°$V

4.2　$\dot{U}_{BC} = 380\angle -90°$V, $\dot{U}_{CA} = 380\angle 150°$V, $\dot{U}_A = 220\angle 0°$V, $\dot{U}_B = 220\angle -120°$V, $\dot{U}_C = 220\angle 120°$V

4.3　$U_P = 220$V, $I_P = I_L = 22$A

4.4　$U_P = U_L = 220$V, $I_P = 22$A, $I_L = 38$A

4.5　$\dot{I}_a = 11\angle 0°$A, $\dot{I}_b = 11\angle -120°$A, $\dot{I}_C = 11\angle 120°$A, $\dot{I}_N = 0$A

4.6　$I_P = 44$A, $I_L = 44$A, $I_N = 0$A

4.7　$I_L = 4.18$A;星形连接: $I_P = 4.18$A;三角形连接: $I_P = 2.42$A

4.8　$Z = 61.6 + j46.2(\Omega)$

4.9　星形连接: $P = 8687$W;三角形连接: $P = 26060$W

4.10　$I_P = I_L = 22$A, $P = 14480$W

4.11　$I_P = 38$A, $I_L = 66$A, $P = 43440$W;过载损坏

第 5 章　变压器

5.1　$K = 15$, $I_1 = 1.5$A, $I_2 = 22.7$A

5.2　副边线圈中的电流也是从上到下,而毫安表中的电流应从下到上。

5.3　5880V

5.4　840A

5.5　12 种输出电压:三个线圈可输出三个电压(1V、3V、9V)。三个线圈串联可输出 4 个电压(13V、12V、7V、5V),任意两线圈串联又可组成六个电压(4V、2V、12V、6V、10V、8V)。

5.6　166,$I_1 = 3.03A$,$I_2 = 45.5A$

5.7　333 个,原、副绕组的额定电流没有发生变化。

5.8　666 只

5.9　21

5.10　0.087W

5.11　(1)原绕组的四个接线端应串联联接,即将 2 和 3 短接,1 和 4 接 220V 电源;

　　　(2)原边绕组要求并联使用,则应将 1 和 3 短接,2 和 4 短接,并将短接后的两端接 110V 电源;

　　　(3)原边每个绕组中的额定电流不变,而副边输出电压也不会改变。

5.12　$I_1 = 0.27A$,$N_1 = 90$ 匝,$N_1 = 30$ 匝

第 6 章　三相异步电动机

6.1　(1)$n_1 = 1000r/min$;(2)$p = 3$;(3)$S_N = 0.04$

6.2　(1)$n_1 = 1000r/min$,$f_1 = 50Hz$;(2)$n = 980r/min$,$f_2 = 1Hz$

6.3　$\lambda = 2.2$

6.4　(1)$I_N = 35.9A$,$I_{st} = 251.3A$;(2)$S_N = 0.02$;(3)$p_1 = 20.3kW$;(4)$T_N = 120N \cdot m$,$T_m = 264N \cdot m$,$T_{st} = 240N \cdot m$

6.5　(1)$n_2 = 1480r/min$;(2)$P_{2N} = 45kW$;(3)$\cos\varphi_N = 0.88$;(4)$\eta_N = 0.923$

6.6　(1)194.5N·m;(2)$\cos\varphi_N = 0.88$;(3)$I_{st} = 134A$,$T_{st} = 77.8N \cdot m$;(4)当负载转矩为额定转矩的 60% 时,由于 T_{st} 小于负载转矩,电动机不能启动;当负载转矩为额定转矩的 25% 时,由于 T_{st} 大于负载转矩,电动机可以启动。

6.7　$P_{2N} \approx 10kW$

参考文献

［1］毕淑娥.电工与电子技术基础［M］.哈尔滨:哈尔滨工业大学出版社,2008.

［2］储克森.电工基础［M］.北京:机械工业出版社,2007.

［3］王慧玲.电路基础［M］.北京:高等教育出版社,2007.

［4］黄学良.电路基础［M］.北京:机械工业出版社,2007.

［5］李中发.电工技术基础［M］.北京:中国水利水电出版社,2004.

［6］王明昌.建筑电工学［M］.重庆:重庆大学出版社,2010.

［7］秦曾煌.电工学(上册)［M］.北京:高等教育出版社.2004.

［8］陈惠群.电工仪表与测量［M］.4 版.北京:中国劳动社会保障出版社,2007.

［9］林占江,林放.电子测量技术［M］.北京:电子工业出版社,2012.

［10］周南星,周晓露,齐忠玉.电工测量及实验［M］.北京:中国电力出版社,2013.

［11］刘兵,王强.建筑电气分施工用电［M］.北京:电子工业出版社,2011.

［12］孙友.电子基础及实训［M］.北京:电子工业出版社,2007.

图书在版编目(CIP)数据

电工基础/徐洪涛主编.—西安:西安交通大学出版社,2013.9(2021.1重印)
高职高专"十二五"建筑及工程管理类专业系列规划教材
ISBN 978-7-5605-5529-4

Ⅰ.①电… Ⅱ.①徐… Ⅲ.①电工学—高等职业教育—教材 Ⅳ.①TM1

中国版本图书馆 CIP 数据核字(2013)第 189650 号

书　名	电工基础
主　编	徐洪涛
责任编辑	祝翠华

出版发行	西安交通大学出版社
	(西安市兴庆南路 1 号　邮政编码 710048)
网　址	http://www.xjtupress.com
电　话	(029)82668357　82667874(发行中心)
	(029)82668315(总编办)
传　真	(029)82668280
印　刷	西安日报社印务中心

开　本	787mm×1092mm　1/16　**印张** 10.5　**字数** 255 千字
版次印次	2013 年 9 月第 1 版　2021 年 1 月第 7 次印刷
书　号	ISBN 978-7-5605-5529-4
定　价	30.00 元

读者购书、书店添货,如发现印装质量问题,请与本社发行中心联系、调换。
订购热线:(029)82665248　(029)82665249
投稿热线:(029)82668133
读者信箱:xj_rwjg@126.com